U0550953

美容常識の9割はウソ

保養常識9成都是騙人的

終極×最強肌膚保養法

日本肌膚再生專家
落合博子——著

邱品齊醫師
最值得消費者信賴的皮膚科醫師
專業審定

蔡麗蓉——譯

方舟文化

保養常識9成
都是騙人的

CONTENTS

審定序　到底皮膚要怎麼保養？其實應該要先問問皮膚 10
作者序　每一個人，都可以擁有好皮膚 17

PART 01

你對皮膚了解多少？

想要擁有美麗皮膚，就從掌握正確知識開始 20
整形外科醫師的工作 21
美容資訊大多都是騙人的？ 24
你被廣告唬弄了嗎？——「滲透到皮膚底層」實在很難 25
皮膚最大功能是「保護身體」 28
喚醒皮膚的再生能力——至關重要的防禦機能 31
從此告別保養品選擇障礙 33

PART

02

別再手足無措了！最想知道的美容常識真心話

「無添加＝安全安心」，這句話已經落伍了 36

化妝保養品上標示「藥用」並不是效果保證？ 46

別再上「有機」、「使用天然成份」的當了 51

「敏感肌化妝品」的定義其實曖昧不明 56

防止光老化、預防紫外線的正確知識 62

「SPF愈高愈有效」的迷思 67

醫師聊保養 日曬機還是別用最好 70

過度臉部按摩反而使皮膚鬆弛又暗沉 73

醫師聊保養 「扁平疣」一碰就變多！？ 80

「過度清潔」反而會造成乾燥肌 82

有關化學換膚的小小誤解 85
醫師聊保養 磨砂產品其實是皮膚大敵 87
有痘痘，「別亂擠」很重要 89
蒸臉反而會有反效果？ 94
「保握黃金睡眠時間」根本是無稽之談 98
「經皮毒」的說法完全不科學 100
再生醫療「幹細胞」的真相 104

PART
03

不可不知！常見美容成分的真實與謊言

矽靈真的會堵塞毛孔嗎？ 110
醫師聊保養 碳酸泉洗髮能加強清潔！？ 115

合成聚合物會危害皮膚功能？ 117
正確認識玻尿酸很重要 123
吃膠原蛋白並無法增加膠原蛋白 130
「礦物油很危險」的觀念過時了 134
醫師聊保養 石蠟相關成分介紹 137
界面活性劑真的很可怕嗎？ 139
維生素A與A酸差很大 146
醫師聊保養 維生素A衍生物家族 151
大量攝取維生素C並不會比較好 153
醫師聊保養 離子導入有效嗎？ 158
回春胎盤素的風險 160
「甘油」的一體二面 166
醫師聊保養 蝸牛黏液萃取的真實面 171

美中不足的「蛋膜精華」 173
補充輔酶Q10有效嗎？ 176
被汙名化的對羥基苯甲酸酯 179
神經醯胺是有潛力的護膚成分 184
想處理「黑斑」要先了解是哪一種 188
醫師聊保養 痣和斑點有何不同？ 196

PART
04

讓醫生來教你「簡單保養喚醒皮膚機能」

用太多保養品實在沒必要 200
喚醒皮膚機能的兩大關鍵 204
卸妝切記避免「過度摩擦」 209
用肥皂好還是沐浴乳好？ 213

化妝水並非必須品！ 217
皮膚抗老防曬很重要 223
醫師聊保養 抽菸會加速皮膚老化嗎？ 226
「抗氧化」也是「抗老化」？ 227
親近森林浴釋放皮膚壓力 232
「減法」保養才是王道 236
適合自己的皮膚保養最重要 241
心靈滿足才能體現美麗皮膚 245
不要過度依賴保養品與保健品 248
結語　簡易保養，找回皮膚天生本能 252

審定序

到底皮膚要怎麼保養？其實應該要先問問皮膚

很多我們習以為常的保養方式，其實皮膚並不喜歡

記得剛接到出版社的邀約希望我可以擔任本書審閱者時，看到書名《保養常識9成都是騙人的！》第一眼的想法就是這作者還真的蠻勇敢直白的，後來了解過作者的專業背景後才知道，原來博子小姐本身也是醫療人員，於是讓我會心一笑，也理解背後深刻的涵義。

我在部落格與網路社群寫作生涯已經超過十五年了，期間澄清過的相關新聞與訊息也超過數千則，的確發現在皮膚化妝保養市場上，各種錯誤的迷思與謠言真的是多如牛毛，甚至不少根深蒂固的觀念根本只是以訛傳訛。很多人很在意保養，於是買了一堆產品努力地用在

皮膚上，如果到最後只是花錢找罪受，那就相當不值得了。

我常常在思考為什麼會有這樣的狀況發生呢？而且這問題看起來不只是臺灣如此，在日本也差不多。追根究柢後你會發現，其實原因很簡單——多數民眾實在沒有機會能夠了解正確的相關知識。

在我們的基礎教育中，並沒有教導相關課程，讓我們可以認識自己皮膚的本質與認識化妝保養品的基本概念。大多數的民眾開始使用化妝保養品，都是看電視廣告、聽朋友建議、看網路推薦，就興沖沖地買來用了。

到底皮膚是否需要？到底皮膚喜不喜歡？產品中到底加了什麼東西？長期使用對皮膚會有什麼風險？其實多數人並沒有正確觀念。常常要等到使用後出問題了，才會來找皮膚科醫師診治，但有時候真的為時已晚，難以挽回。

皮膚需要的真的不多，常常是我們想要的太多

目前多數人認識的化妝品與皮膚保養訊息，其實大都是廠商希望讓民眾知道的內容，然而這些訊息的背後目的，主要還是為了販售自家產品。這的確無可厚非，但因為市場相當競爭，每個品牌為了推銷自己的產品可說是費盡心思，於是造成了很多以假亂真、誇大不實的宣傳廣告。

這些廠商背後的主要目標，主要都是針對產品短期的銷量而非皮膚長期的健康，若再加上公關行銷與媒體通路推波助瀾，到最後消費者所能獲得的資訊大多並不是皮膚保養的真相。

所有的化妝保養品品牌都希望大家能多買、多用，但老實說皮膚根本不喜歡這樣，甚至可以說是厭惡如此。因為**皮膚的本質是減少外在環境中各種物質的入侵**，現在我們反而每天用了一堆產品在皮膚

上，皮膚被迫每天都要去面對各種奇怪的物質，說真的，皮膚真的很辛苦啊。

這幾年敏感或過敏性肌膚的朋友越來越多，甚至痘痘與酒糟的狀況也越來越常見。如果化妝保養品真的對皮膚都只有好處的話，為什麼還會有這樣的狀況呢？

仔細了解就會發現，其實很多事實跟我們想像的剛好相反。像是當化妝保養品用太多，再加上過度使用酸類成分與去角質，就反而容易使得皮膚敏感的機會變多了。很多品牌更為了讓配方更豐富，產品成分越加越多，甚至還建議消費者常常使用或厚敷，於是造成使用者皮膚過敏的狀況越發嚴重。

此外，痘痘與酒糟其實都是原因很複雜的皮膚病，但不少品牌卻過度宣傳化妝保養品可以治療這些問題，於是不少消費者就亂買、亂用，反而造成更多無謂的皮膚傷害。

願意告訴消費者不要亂買、亂用化妝保養品的專家太少

近年來有不少醫生、藥師、博士、老師以及各路專家都推出自己的化妝保養品，甚至很多醫療院所也都有自行找外廠代工的產品，宣稱優於市面上其他競爭者。

但老實說，這些自認是醫美或藥妝品牌的產品，多數出發點還是以利潤及銷售為重心，幾乎把原本該有的專業堅持以及社會責任拋諸腦後，更別談要跟民眾宣導正確了解肌膚保養的衛教義務。

即使有人願意挺身說明，但由於現在資訊不對稱的狀況太嚴重，整個市場氛圍根本就不想讓消費者知道太多事實。

所以每次遇到願意教育消費者的專業人員或是肯花心思把產品做好的廠商，我都相當佩服。

學習認識與尊重皮膚是美膚之本

幾年前我在《幸福美肌，一輩子就買這一本》書中有提到，自己根據十多年來的臨床治療經驗中所體悟的九大護膚心法：「反璞歸真、化繁為簡、寧缺勿濫、過猶不及、禍福相倚、一體兩面、因材施教、循序漸進與知足常樂」。這次在完成審閱之後也發現，日本也有專業醫療人員有相同的想法，真有千里遇知音的感覺。

皮膚保養是一門科學也是一種藝術，更是一種生活態度。皮膚保養沒有公式也沒有定律，更沒有繁文縟節。**想要讓皮膚過得健康、擁有幸福，首先要先認識皮膚、尊重皮膚以及放下皮膚**。

每個人的皮膚本來就有自在的原性、自癒的能力、平衡的宇宙、協恆的道理。我們要跟皮膚學習的地方還太多，只要我們願意多理解，就可以用最簡單的方式創造出最深遠的效益。

皮膚幸福掌握在自己手上，想改變就從今天開始

當知道了我們平常大多數認知的保養觀念是需要修正時，能否努力改變就是關鍵。如果我們不把原本那些影響皮膚幸福的習慣改變，等到後來發現事態嚴重，再想扭轉就不是這麼容易了。

改變雖然辛苦需要適應，但為了一輩子皮膚的健康，堅持絕對是值得的。在整體化繁為簡、去蕪存菁的保養過程中，不但可以享受到更多的財富與心靈自由，更可以體會到更豐富的人生經歷。希望之後我們都可以找到最初的單純，皮膚也可以回到真我的原美。

美之道皮膚科診所院長　邱品齊醫師

作者序

每一個人，都可以擁有好皮膚

近來關於美容以及健康方面的新聞不時攻佔版面。譬如「某產品效果佳」、「某品牌成效好」宣揚功效超越以往的新款保養品接連推出上市，無論是在電視上或網路上，這世界每天都在流傳著眼花瞭亂的資訊，因此究竟哪個消息正確，誰說的才對，總讓人在選擇上左右為難。

我身為一名資歷豐富的整形外科醫師，也是一名再生醫療研究室室長，長年以來運用所學知識為數之不盡的患者提供醫療服務。我經手過各式各樣的療程及手術，基本上都是為了使患者的皮膚美麗重生。因此我日日都在鑽研，如何讓我們的皮膚找回美麗與光采。

如今許多女性都有乾燥及敏感的困擾，每天都在煩惱如何保養、用哪些保養品才好。但是只要你懂得皮膚的相關基礎知識，掌握保養品的正確資訊，並了解正確的使用方式，擁有健康又美麗的皮膚，絕非難事。

可是反過來說，**當你缺乏正確知識，而且在這種狀態下還隨意聽信謠言使用化妝保養品的話，皮膚就很容易出狀況**。因此我希望大家，務必正確了解皮膚與美容常識這方面的相關知識。

我在第一章會針對皮膚的基礎知識、在第二章會針對美容資訊、在第三章會針對美容成分、在第四章會針對具體的保養方法，為大家逐一作說明，大家也可以從自己在意的項目依序研讀。

皮膚明亮光澤吹彈可破時，心情也才會萬里晴空。每天早上照過鏡子，感覺「今天的皮膚狀態也很好」的時候，相信這一整天都會一直是好心情。

每一個人，都可以擁有這樣的皮膚。本書若能幫助大家維持健康的皮膚，我將備感榮幸。

PART 01

你對皮膚了解多少？

正確了解皮膚，
才是擁有美麗皮膚最快捷徑
不再被廣告唬弄，
從此告別保養品選擇障礙

想要擁有美麗皮膚，就從掌握正確知識開始

想要皮膚吹彈可破，這是每一位女性的夢想。明亮有光澤，找不到任何斑點及皺紋，這樣的皮膚相信任何女性都會萬分憧憬。所以才會有人想使用號稱天然成分製成的洗面乳，或添購標榜富含膠原蛋白，能將膠原蛋白滲透到皮膚底層的化妝水，更會想要每天塗抹精華液藉此來美白皮膚。

只要一發現些微皮膚粗糙，或冒出成人痘，就會感到晴天霹靂，連忙搜尋宣稱成效十足的保養品，還不自覺地買了好幾罐。接著會同時嘗試好幾款保養品，結果卻搞不太清楚哪一款才有效果……相信對這些情境感到心有戚戚焉的人，應該不在少數。

但是麻煩大家給我一點時間，我想請問大家——你有多了解自己的皮膚呢？你的皮膚使用怎麼樣的產品最有效果？什麼樣的產品

無論使用再多都不見效？追根究柢，我們的皮膚是如何組成的呢？相信大多數人對這些資訊都不太清楚。

老實說，想要實現美麗的皮膚一點都不難。**就算你沒有每天勤勞保養皮膚，還是很有可能擁有美麗的皮膚，因為皮膚的構造真的很簡單！**

整形外科醫師的工作

目前我在日本國立機構東京醫療中心擔任整形外科醫師，一說到整形外科醫師，可能還是有些人無法意會。簡單來說，就是從頭到腳，眼睛看得到的部位都屬於整形外科負責的範疇。

具體來說，臉部或手腳等身體表面受傷、顏面骨折、燒燙傷、痣、腫瘤、先天畸形、皮膚潰瘍、癌症切除後重建、乳房重建以及美容醫學等等的項目，都是整形外科醫師負責治療的範圍。

廣意來說，整形外科最擅長的手術就是讓失去的組織及機能回復。例如為了切除癌症而失去某些組織後，再經由手術從身體其他部位重建回來。像是乳房切除之後的重建，也是屬於這方面的手術；另外還有因為舌癌切除大部分舌頭之後，也能夠移植大腿組織加以重建。

然而倘若手術失敗，就有可能白白失去這兩部位的組織，手術通常伴隨風險，因此往往得繃緊神經謹慎處理。所以每一名整形外科醫師都明白，必須隨時累積知識頻繁訓練，一但有非預期狀況時，還能隨時提出替代方案。

其中也有大家都不陌生的例子，比方說頭顱顏面畸形和多指症，這些特殊的天生身體障礙，整型手術也可以加以處理。如果遇到顏面神經麻痺的患者，也可以移植神經及肌肉，使他們的臉部表情盡可能回復自然，發揮功能。

雖然說整型外科手術大多不會與「悠關性命」扯上關係，但整形外科醫師的主要職責，就是為病患重建身體機能及整容，使他們找回自信能夠站在眾人面前，並幫助他們回歸社會。此外這幾年時興的雷射治療與醫美處理，雖然在狹義上屬於皮膚科與美容外科的範疇，但為了能夠讓患者得到完整治療，整形外科醫師也需要與時俱進學習相關知識。

接下來的話題也許會稍微生硬一些，我的專長領域其實是如何讓皮膚迅速再生，淡化傷痕使其美觀——也就是所謂的「皮膚再生」。為了鑽研組織再生，我長年投入於再生醫療研究之中。

美容資訊大多都是騙人的？

站在我們這些整形外科醫師的觀點來看，綜觀現今充斥在市面上林林總總的美容資訊，真心覺得「沒必要做這些」、「不可能有效果」的保養知識多到不行。

就以最簡單的例子來說，我自己一聽到「請想像一下皮膚的構造」這句話時，通常會直接聯想到剖面圖。

大家可能會覺得有些可怕，但畢竟我每天都在幫皮膚切切補補，會聯想到皮膚切開的畫面也很自然。不過，大部分的人，第一時間腦海裡浮現的應該都是皮膚的表面，可是光這一點就能帶來很大的差異。

只要你了解皮膚的結構，明白在皮膚表面底下的構造如何，對於美容資訊的看法將會為之一變。

正確理解皮膚的結構，這才是擁有美麗皮膚最快的捷徑。正確了解皮膚，你就不會被街頭巷尾的宣傳廣告牽著鼻子走，你自己就能看清資訊的謊言與真實，分辨其中的真假其實一點也不難，請大家不要對此望而卻步。

你被廣告唬弄了嗎？——「滲透到皮膚底層」實在很難

我有一個問題想問問大家。

大家在廣告上耳熟能詳的「滲透到皮膚底層」，這裡所謂的「底層」，究竟是指哪裡呢？

其實比較合理的答案正是「角質層」。

但是，我在這裡想問問大家，角質層到底是位於皮膚多深的

「底層」？一吋深？一公分還是一釐米深？

廣告中說到保養品會滲透到角質層，聽起來好像能夠穿透到很深的地方，但其實角質層是皮膚表皮最外面一層，整體厚度在臉上也不過只有〇・〇一至〇・〇二公釐厚。不知道這樣的結果是否有跌破大家的眼鏡？

現在我就來簡單說明一下皮膚的構造。

我們的皮膚是由表皮與真皮所組成，其中的表皮是位於皮膚上層的部分，厚度約為〇・〇五至一・五公釐。表皮還能由外而內依序細分成「角質層」、「顆粒層」、「棘狀層」與「基底層」共四層的構造。

也就是說，位於最外側的就是角質層。而角質層其實是由表皮最底層的基底層，不斷反覆分裂往上推擠的死亡細胞所組成。

這樣的說明方式或許有些觸目驚心，不過皮膚的表面的確是由死亡細胞全面包覆著。請大家參考示意圖即可明瞭，位於角質層下方的顆粒層以下部分，能看得見細胞核的點，然而角質層本身卻不具備細胞核的點。因為角質層的細胞已經死亡了，所以也無法從血液中獲得營養補給。

一般來說，保養品主要是滲透到這些死亡角質細胞所組成的「角質層」，並無法穿透到角質層下方存在細胞分裂的皮膚「底層」。但由於角質層位於最外側，因此會影響到皮膚的觸感與質感。所以，我們才會拚了命地保養角質層，不過我們花了這麼多心力保養的角質層在歷經一段時間後，就會變成汙垢而自行脫落。

而且在日本管理化妝品的「藥事法」相關法律當中，也嚴禁在廣告中提及滲透到角質層更深處的說法。[1]結論就是，無論如何處

1 審定註：目前在臺灣，化妝品廣告詞語可參酌「化粧品得宣稱詞句例示及不適當宣稱詞句例示」，像是深入細胞膜作用、重建皮脂膜／角質層以及促進／刺激膠原蛋白合成／增生、加強肌膚表皮細胞的再生能力等，都會被視為不適當宣稱詞句。相關公告另載於衛生福利部食品藥物管理署網站。

▶皮膚的構造

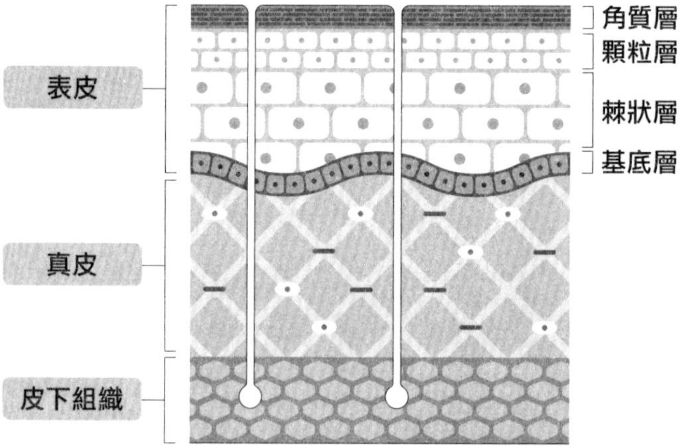

心積慮吹噓效果多顯著的廣告標語，仔細觀察後肯定會發現，某處往往標明「滲透到角質層為止」，而臉上的角質層也不過只有〇・〇一至〇・〇二公釐厚。

皮膚最大功能是「保護身體」

話說回來，如果真有能夠穿透到角質層更深處的保養品，基本上都得搭配使用特殊的醫療技術。但如果考量到皮膚原本的機能，說實在的，皮膚根本不需要這些多餘的保養方法。那麼究竟我們的皮膚，是為了什麼而存在的呢？**事實上，皮膚最大的功能，就是「保護身體」**。

皮膚能夠發揮「防禦」作用，阻擋異物入侵體內。在這種防禦機能的幫助之下，我們的細胞、血管以及神經才能受到保護。當全身約三〇%的皮膚受到燒燙傷時，就會嚴重影響生命安全。

我們往往很容易遺忘一點，皮膚其實也算是我們的臟器之一。**皮膚約占全身體重的**一六%，**屬於人體最大的器官**。

由於皮膚是直接接觸到外面世界的器官，因此才肩負著各式各樣的職責，且主要能發揮以下四大功能：

①防止水分流失及穿透。

②調節體溫。

③ 保護身體以免受到外在微生物及各種物理化學性的刺激。
④ 發揮感覺器官的功能。

每一項功能，在維持生命功能正常運作時都不可或缺。

而且在保護身體的功能上，位於最表面的角質層，則是發揮至關緊要的作用。這層角質層平均只有〇．〇一五公釐厚，厚度等同於塑膠膜，且具有水分不易穿透的特性。**假如角質層喪失防禦機能，變成什麼東西都能滲透的話，不單單是局部，可能全身都會曝露在危險之下**。

請大家想像一下肉片的模樣，倘若皮膚缺少防禦機能，就會像肉片一樣，能用鹽、胡椒或醬油等調味料醃漬入味。這種事情要是發生在皮膚上，可就事態嚴重了。

皮膚為了能盡到保護身體，隔離外界異物入侵的目的，可說是想盡辦法、拚盡全力。在皮膚如此嚴密的防禦機制下，我們從外部努力地塗抹、按摩、加熱或覆膜，保養成分能穿透到表皮底層的量還是相當有限。

喚醒皮膚的再生能力——至關重要的防禦機能

說到這裡，我想大家應該都明瞭了，充斥在街頭巷尾的廣告，顧名思義都只是為了「宣傳」。

各式各樣的研究確實不斷進步，新成分接連不斷推陳出新，或許有些產品的新功效也確實獲得證實。

但當要保養皮膚時，我還是希望大家能夠重新回想一下，到底皮膚原本的功能是什麼？

沒錯，正是防禦機能。

只要能好好維持住皮膚的防禦機能，不加以破壞使其損傷，皮膚本身便具備變美的能力。

即便皮膚出問題了，我們皮膚的細胞仍每分每秒都在汰舊換新，所以只要耐心等待片刻，新的皮膚就會重新生成。

就算是動手術將皮膚巧妙切合，展現技術仔細縫補，傷口在修復的過程中，最終還是得依靠人體的自我再生能力。

而且，不管是怎樣的皮膚，都具備這種能力。

順帶一提，表皮的更新週期大約是以二十八至四十天進行循環。所以說得誇張一點，只要等待四十天，什麼都不要做就行了。

當然食物、生活習慣及壓力，這些也都會影響到皮膚的狀態，但是只要對皮膚具備正確知識，相信就能十分清楚什麼該做，以及什麼不該做了。

從此告別保養品選擇障礙

話雖然這麼說，但大多數人終究還是想要保養皮膚，渴望儘早擁有美麗的皮膚，大眾想變美的心，自古以來始終不曾改變。

只是在美容資訊過度爆炸的現在，該選擇哪種類型的保養品比較好，哪種保養品才是對自己的皮膚最好，已經眾說紛紜到大家都理不出頭緒了。

自下一章起，我將整合前文提過的「皮膚原本的功能」，再加上「科學佐證」，從這二方面的觀點，一一釐清美容常識的謊言與真實。

首先，我想請大家記得最重要的一點——請對自己的皮膚保有自信。請重視自己的感受，並仔細檢視，截至目前為止，你所選擇的保養品以及美容方法，是否適合自己，保養時是否覺得舒服呢？

不太清楚適不適合自己，卻又因為內心不安，光聽到業者們宣稱的療效就急忙買下；或嘗試過各式各樣的保養品，囫圇吞棗般地使用那些功效與品質不一的產品；總找不到最適合自己的保養品，總擔心保養得不夠的人。請不要再重蹈覆轍了！

哪些是合理的資訊？還有你該選擇怎樣的保養品？

接下來我將透過我的專業知識與經驗，幫助大家用更簡單的方式找出這些問題的答案。

PART 02

別再手足無措了！最想知道的美容常識真心話

還在胡亂嘗試各種保養品？
小心！保養不對，
泛紅、乾燥、過敏找上你！

CHECK

「無添加＝安全安心」，這句話已經落伍了

究竟什麼是「無添加」？

大家對於宣稱「無添加」的化妝品有概念嗎？

雖然不是很明白，不過大概猜想就是沒有含多餘成分，所以用起來安全又安心的保養品吧？

現在就來簡單說明一下，無添加保養品是如何誕生的。

原本化妝品「無添加（むてんか）」的字義是源自於日本在一九六〇年代所制定的《藥事法》。當時化妝品並沒有規定要全成分

標示，而在法規中定義了一〇二種的「表示指定成分」，包含了特定防腐抗菌劑、紫外線吸收劑、類固醇、抗氧化劑、抗組織胺、潤膚保濕劑、合成界面活性劑與合成色料等等。

這些是日本在當時認為可能對皮膚具有安全或過敏的疑慮，於是規定日本生產的化妝品若有使用這些成分就必須標注在包裝上，倘若所生產的化妝品都未含這些成分就可以標示為「無添加」。

然而在二〇〇一年四月起，日本開始實施新的化妝品法規要求化妝品要全成分標示，於是廢止了原本「無添加」的規範。除了日本之外，全世界也沒有其他國家對於「無添加」有任何定義與說明，也就是說現在還提到「無添加」其實意義並不大。

這就是「無添加」宣稱的來龍去脈。

事實上，這名稱在當時深受眾多女性支持，使得「無添加」成為安全安心的代名詞。在這樣的趨勢之下，只要打上「無添加」這幾個字，就彷彿讓消費者們吃下一顆定心丸，代表著該項產品可以安心使用，使用後也不會出問題。這樣的觀念至今也許仍深植在不少人的心中。

現在日本坊間所謂的「無添加化妝品」，或許意指未使用在日本五十年前所規定的「表示指定成分」之產品。[1]

但經過了這麼久的時間，成分推陳出新，這些過往的成分規範早已落伍，再去過度強調實在沒有意義。

甚至有些廠商的宣稱只是依據各自的判斷，強調有「排除某些成分」時，就會標榜「無添加」。

然而不含某些成分並不表示就一定安全，重點是加了什麼成分才是關鍵。

每種成分都各有風險

話雖然這麼說，可能有些人還是認為，「無添加」的保養品對皮膚比較好。但是，這樣的想法實在膚淺。

比方說，絕大多數的護膚產品，都是將水和油乳化後製造而成。而有些油脂會氧化，之後就會產生變質與異味。

為了想避免油脂腐敗，能維持一段時間的穩定，就需要抗氧化劑與防腐劑。

這時候即使宣稱不加A成分，也可能添加了類似的B成分以達到效果。

1 審定註：在臺灣化妝品需要全成分標示，所以並沒有像日本先前有「表示指定成分」的規定。而在現行法規管理，有添加「特定用途化粧品成分名稱及使用限制表示」之相關成分，其成分名稱與濃度需另行揭露於成分表上。至於「化粧品禁止使用成分」，衛生單位定期也都會更新增列，相關細節可參考官方網址。

像是在無添加時期規定需要標示防腐成分，例如Methyl paraben（對羥基苯甲酸甲酯）、Sorbic acid（山梨酸）與Benzoic acid（苯甲酸）等等，大家過去一直認為應該能免則免。

不過現在已經證實，這些防腐劑其實具有極高的安全性，全世界的化妝品中也都可添加使用。

也就是說，這些安全性極佳的成分，不但刺激性低且具有優異的防腐效果。以前對它們的誤解，現在總算得以平反。

當然，**世界上沒有可以完全保證不會引起刺激或過敏反應可能性的成分，一切只是機會高低而已**。所以只是單獨針對某些防腐劑加以抹黑，實在毫無意義。（關於Paraben，在後續的內文將再行詳細解說）。

所以現今再糾結於產品是否「無添加」，其實沒什麼意義。

重點是你加了什麼或用了什麼來取代？不添加某些成分是否有

道理有根據？如果可以這樣雙向反覆思辨的話，才能更能夠了解產品的真相。

保養品要是真能輕易「滲透皮膚」那就慘了

舉凡化妝水或保濕乳這類護膚產品，大家通常認為「能夠滲透皮膚的最好」。但是請容我依據皮膚科學的觀點說明一下。

人類的皮膚雖然主要是由「蛋白質」結構所組成。但如果只有蛋白質的話，皮膚將無法擋掉異物。誠如第一章所言，當我們在料理肉類切片使用醬料，短時間就能醃漬入味，這就是因為肉品缺少防禦機制的關係。

而我們的皮膚表面會形成一層油脂結構（皮脂膜）來保護下面

的蛋白質結構以達到防禦效果。這層皮脂膜主要由皮脂腺分泌出來的「皮脂」以及角質細胞所產生的「細胞間脂質」所構成。

而這層薄薄的皮脂膜就能夠達到保護生命，避免異物由外部直接侵入的效果。

健康的皮膚在沖澡時，水會在皮表油脂膜上形成渾圓的水滴。就像這樣，這皮脂膜也助於防止體內的水分蒸發，所以健康的皮膚才能一直維持水嫩。

假使皮膚不具備這樣的防禦機能，光是洗個澡，水就會不斷滲透進體內。要是發生這種情形，生命恐怕隨時飽受威脅。

所以皮表皮脂膜的防禦機能，攸關我們的性命，責任重大。

胡亂破壞皮脂膜會導致敏感與乾燥

若是真的想讓保養品的成分滲透皮膚，勢必要破壞這層至關重要的皮膚防禦層。

但若是胡亂破壞這層保護性命的重要皮脂膜，讓外來的各種異物成分滲透進皮膚裡的話，身體就會產生免疫防禦反應，讓皮膚覺得「事態嚴重了」。

而這樣的防禦反應，就容易造成慢性發炎反應，而讓皮膚產生泛紅、乾燥以及色素沉澱的狀況，甚至久了以後會造成敏感性肌膚、酒糟性肌膚或是乾燥肌以及黑斑的問題。所以**好好保護皮脂膜以及角質層，是維護皮膚防禦功能很重要的關鍵**。

保養不對將造成更多皮膚問題

當皮膚皮脂膜受損，防禦機能變差的話，水分散失會增加保水度會下降而引起「乾燥肌」。

這時候如果只是一再的使用過度滋潤的油脂覆蓋，而沒有找到皮脂膜受損的原因加以改善，之後就很容易落入「外油內乾」的病態肌膚狀況。

當皮膚變成這樣後，不管再怎麼使用保濕產品都還是會覺得皮膚乾乾繃繃的，摸起來粗粗的不滑順，久了以後還會伴隨泛紅與敏感的徵狀。

所以市面上常聽到，把「去角質」當作平常保養使用其實是有風險的。

過度去角質是很容易造成皮脂膜受損而造成皮膚後續傷害，正

確的保養程序應該是要「護角質」而不是「去角質」。

當皮膚感覺乾燥脫屑時，建議大家可以局部用點薄薄的凡士林油膏，保護皮膚使其回復正常機能即可，切記不可輕易去角質。

另外，若是發生明顯的皮膚問題，也請不要自行嘗試各種保養品，趕快向專業醫師求診好好諮詢確認，才能針對皮膚的狀況，對症處理。

CHECK ✓

化妝保養品上標示「藥用」並不是效果保證？

可能很多人會覺得，保養品上頭若有標示「藥用」的話，效果肯定比一般保養品來得好，安全性也會更加受到保障。

以結果論而言，事實上並不一定如此。

依據日本現行藥事法，皮膚外用產品被區分成「醫藥品」、「醫藥部外品（包括藥用化妝品）**」與「一般化妝品」這三類。**[2]

首先提到的「醫藥品」，目的在於治療疾病，內含的有效成分為日本厚生勞動省認可並具有特定療效。醫藥品可以分成需要醫師處方籤的**醫療用醫藥品**（處方藥）以及不需要醫師處方籤的**一般用**

醫藥品（非處方藥）兩大類。而一般用醫藥品，還依照風險等級與販售資格差異分成三類。

其次是「醫藥部外品」，意指受內含一定濃度由日本厚生勞動省認可之「有效成分」的產品，這是屬於日本特有的分類方式。產品不屬於醫藥品，但具有相當於或接近醫藥品功能的商品，像是針對口臭／體臭的預防、脫毛／育毛產品、**藥用化妝品**（藥皂、止汗、**美白劑**、染燙髮劑與入浴劑）以及防蚊驅蟲產品等，都屬於這類別。比起用來治療疾病的醫藥品，醫藥部外品的效果比較和緩，**這些產品主要是以「預防、保健」為目的**。

而藥用化妝品的最大特徵，在於須向日本厚生勞動省提出內含「有效成分」相關規定含量的證明數據，並事先取得許可，之後得

2 審定註：在臺灣目前皮膚外用產品區分為「藥品（處方藥、指示藥與成藥）」、「醫療器材」以及「化妝品（一般化妝品與特定用途化妝品）」這三大類。其中特定用途化妝品主要包含具有防曬、染髮、燙髮、止汗制臭、牙齒美白等用品。

以在產品上標明效能。

例如可以將「防止皮膚粗糙」、「預防痘痘」、「防止日曬後產生斑點與雀斑」、「皮膚殺菌作用」等效果，標示於包裝上。此外在產品上也會註明「藥用」，讓消費者知道產品的特殊定位。

相對於此，「**一般化妝品**」的效果又比藥用化妝品更加和緩，這些產品是為了「維持皮膚健康」才被製造出來，因此無法將效果宣稱標示於包裝上。

「藥用化妝品」真的有比較好嗎？

大家看到這裡，也許會覺得藥用化妝品果然還是比一般化妝品有效果，不過有幾點我必須補充一下。

其實在日本，藥用化妝品的成分標示規定，比一般化妝品來得寬鬆。依據藥事法規定，現在的「一般化妝品」必須將所有成分標示出來，但是「藥用化妝品」卻沒有這項規定。

當然關於有效成分的數據方面，在日本厚生勞動省掛保證下，相信騙不了人，但是除此之外的成分，其實有可能弄虛作假。

說難聽一點，對於製造商來說，他們也能在隱瞞不恰當的使用成分後推出上市。真正具明確療效的產品，應該要提高層次提出藥品申請才是，所以「藥用化妝品」的效果往往並不是那麼明顯或明確。

別忘了使用化妝保養品的原始目的

說到這裡，大家可能愈來愈搞不清楚應該選擇哪些產品了，不過請大家放心。

左右為難時，請回想一下使用化妝保養品的原始目的。

事實上，就我的觀點來看，**保養品包含含藥化妝品在內，其實都不是以治療為目的，而是用來維持肌膚及頭髮的清潔，這才是保養品真正的用途**。

所以本來就不應該期待，保養品能發揮哪些戲劇性的功效。護膚產品用起來舒適宜人，能讓人開心才是最重要的。

我認為在使用的過程中，自己能夠獲得滿足，心情愉快，這才是保養品的功用。[3]

3 審定註：在日本市場，化妝品簡單來說可以分成一般化妝品與藥用化妝品，本質上都不是以治療疾病為目的，即使藥用化妝品可以標示某些功能宣稱，但也不應該過度期待其效能。有皮膚問題還是建議先尋求醫療支援，而不是自行亂買亂用化妝保養品。

CHECK

別再上「有機」、「使用天然成份」的當了

日本「有機化妝品」的現況

一聽到「有機」，大家都會覺得「有益皮膚又能愛護地球」。**但是以科學的角度來看，有機化妝品對於皮膚並不一定就安全**。理由很簡單，因為目前在日本並沒有化妝品相關的有機認證標準。原本所謂的「有機」，簡單說是意指不使用化學肥料以及化學農藥進行的有機栽培。[4]

4 審定註：即使在臺灣，目前也沒有有機化妝品的官方相關認證標準。

而有機化妝品，主要定義就是產品內含物要有一定比例以上的「天然來源成分」，而且其中的天然來源成分要有一定比例以上為有機驗證成分。

在外國如要販售有機化妝品，必須達到認證機關的嚴格標準。舉例來說，法國設有ECOCERT與Cosmébio、德國設有Demeter和BDIH、美國設有USDA等認證機關。但由於管理認證單位很多，於是在歐洲，法國、德國、義大利及英國，才決定共同創立COSMOS有機認證組織，要求商品皆須以環境永續為出發點，並嚴格審查原料來源、配方比例、生產過程、產品可追溯性、產品包裝、工廠環境、節能減碳等。

想要成為獲得認證的有機化妝品，必須符合多項嚴格標準，例如使用的原料大部分須經有機栽培而成的植物萃取出來的成分。原料必須是未經重金屬、殺蟲劑、戴奥辛、基因改造和硝酸鹽汙染的，而且禁止使用合成染劑、合成香料與塑化劑，此外還有容器能否回收，流通過程以及流通方式是否有考量到環保等等。

在外國只有通過這些嚴格審查的商品，才允許標示為「有機」。但在日本販售的有機化妝品，並沒有這類的認證標準。因此就算只有內含一種有機植物成分，也能標榜自己是「有機」。

當然其中或許也有充分經國外機關認證的商品，然而實際上卻有很多產品只經廠商自行判斷後，想如何標示就如何標示。

天然成分還是有其風險

標示「採用天然成分」或是「植物萃取」之後，總會讓人自然而然放下心來，可惜這種感覺大錯特錯。

因為「天然」也能換句話說，就是伴隨著「不知道裡面到底有什麼物質」，的風險其中有可能摻入了尚未完全分析出來的成分，而且自然產物會受到天候及產地影響，品質也可能不一。

還有千萬別忘了，植物中也可能會內含毒性，或是有導致發炎或引起過敏的物質。

像是漆樹中就有物質可能會造成過敏、佛手柑中有物質可能會產生光敏感或是茶樹精油也可能會造成皮膚刺激甚至灼傷。

所以「植物萃取成分適合每個人安心使用」，這句話絕非金科玉律。

因此儘管產品標榜「天然」成分，還是請仔細評估是否真的適合自己。

「合成」反而更單純

反觀名字上看得到「合成」二字時，往往給人對皮膚不好的印象，事實上並沒有這回事。

所謂合成成分，是經過特別規範與製程，經由化學方式製造出來的物質。由於是單獨針對一種成分進行生產，因此相較於「天然」成分可能內含相當複雜又無法確知的物質，「合成」成分反而會更單純。

當然，我們不能全盤否定所有的植物來源成分。植物萃取有些具有獨特的功能及香氣，只要是適合自己又不會出現皮膚問題的話，其實都可以使用。

只不過，**天然成分所存在的風險，也希望大家要心裡有數**。

CHECK

「敏感肌化妝品」的定義其實曖昧不明

僅依據廠商各自的標準

我們常聽到「敏感肌」一詞，但嚴格來說就目前的皮膚科學而言，並沒有「敏感肌」明確的相關定義。

一般說來「敏感肌或是敏感性膚質」是指，皮膚本身對外界刺激的耐受值較低，容易受到環境中物理性及化學性因素的刺激，而讓皮膚產生灼熱感、泛紅、發癢、刺痛、粗糙、緊繃、脫屑及皮疹的情形。

敏感性膚質與過敏性膚質是不同的，後者是因為對於特定金屬、香料、防腐劑或過敏原，產生體質特異性的過度免疫反應。

令人玩味的是，目前認為「自己可能是敏感肌」的人，卻非常的多，這也使得各家廠商主打「敏感肌」也可以放心使用的產品不斷推陳出新。

號稱「敏感肌用」的護膚產品，絕大多數無不以「低刺激性」為賣點。感覺起來只要產品標榜「敏感肌適用」，就對各種類型的皮膚都比較溫和似的，但這只是依據各家廠商的標準進行皮膚測試後，推導出來的結論而已。

譬如每一千人當中只有一人不適合，或是每一百人當中僅有一人不適用，就算通過了皮膚測試，而其標準通常也依各家廠商而異；因此「敏感肌適用」不過是依此標準下所提出的「該項保養品不適用的人數較其他產品少＝刺激性低」的單純結論，並非意指對誰都不具刺激性。

產品所宣稱的適合「敏感肌用」，目前主要都還是廠商各自表述，並沒有相關的官方標準或認證，所以不要以為敏感肌化妝品真的就一定比較安全。

多加嘗試更不理想

覺得自己可能是敏感肌的人，我會建議保養皮膚時「盡量少用」保養產品。

我非常可以理解，每次皮膚狀況不佳時，焦急的心情總會令人想要嘗試多種護膚產品，企圖改善皮膚情形，但其實這樣做，反而會讓皮膚狀況更加惡化。

除了少用外，若是使用產品後皮膚出現刺痛的感覺，就表示皮膚對產品中內含的某些成分產生反應了。請盡量減少皮膚接觸這類的成分，才能降低皮膚的負擔。

感覺皮膚不太舒服時，就別再同時使用數種產品，小心謹慎地簡單保養就好。也不要道聽塗說人云亦云，把自己的皮膚當做實驗品，就可以免除很多皮膚敏感的機會。

如果想要破除敏感肌，給大家一個參考口訣就是「停、留、看、測」。若你覺得肌膚產生敏感症狀時，請暫時把使用的化妝保養品停下來並留存，把皮膚發生問題時的相關症狀以及當時可能的誘發因素記錄下來。

並把當時所使用的產品全成份表蒐集起來，儘快找皮膚科醫師來判定、檢查、測試及治療，這樣應該就可以讓你的肌膚儘早脫離敏感肌的困擾。

維護防禦機能就能讓肌膚回復正常

許多被稱作敏感肌的症狀，都是因為防禦機能比健康皮膚來得差，所以才會出狀況。最主要的原因，就是過度「清潔」或「去角質」造成的乾燥現象。

因為過度清潔或去角質，容易造成皮膚表面的油脂含量不足，皮脂膜與角質層就會受損，之後皮膚防禦機能就會下降，於是就容易受到各種外在物質侵擾而產生慢性發炎，久而久之，皮膚敏感不適的症狀就會發生。

聽到這裡，可能有些人已經心灰意冷，但是不要擔心。其實，想要回復皮膚的防禦機能，並非完全不可能。

先減少各種內外在刺激傷害，以及增強皮膚障蔽功能是最大的重點。

當皮膚敏感時，建議使用單純的凡士林油膏或護膚油等保養品，來進行基礎保養就是可行的方法。持續塗抹之後，皮膚的保溼功能會上升，之後就會增強自癒能力而漸漸回復防禦機能。

但假如皮膚乾燥粗糙的狀態延續太久，這時候就建議趕快找醫師先了解病因再治療，皮膚保養就只能當作輔助用。

CHECK

防止光老化、預防紫外線的正確知識

「光老化」是造成皮膚老化的重要原因

最近經常聽到大家提到，皮膚「光老化」這個名詞。

所謂的光老化，與年齡增長導致的「自然老化」並不相同，而是長年一直曝曬在紫外線下，所引發的皮膚老化現象。

年紀增長老化之後，皮膚會變薄，反觀光老化則與從小曝曬的太陽輻射總量有關；因為長時間對紫外線出現防禦反應，結果皮膚變得又厚又硬，膚色也會變深。

光老化還有一個特徵，就是因為曝曬的關係，破壞了位於皮膚深層的真皮，這樣一來用來維持皮膚彈性的彈性纖維便會疲乏。由於彈性纖維無法發揮作用，於是皮膚會喪失彈性，才會出現皺紋以及鬆弛的現象。

另外，目前也有科學研究證實，光老化是皮膚癌的原因之一。所以曝曬的紫外線量愈多，膚色愈暗沉，也相對越容易出現斑點、皺紋、鬆弛現象。

這樣說來，紫外線簡直無惡不作，但是大家別忘了，紫外線在維持健康方面同樣不可或缺。

曝曬在紫外線下，體內才能生成維生素D，有助於打造人體的骨骼。此外紫外線在維持生理時鐘方面，也具有舉足輕重的作用。

只不過，過度曝曬還是會導致光老化，因此必須設法適當防曬才行。

UV－A和UV－B，有何不同？

要防止光老化的發生，就必須先了解紫外線（UV）。紫外線依波長長短，分成「UV－A」、「UV－B」與「UV－C」三種類型。其中能照射到地面，對皮膚造成影響的為「UV－A」和「UV－B」這二種。

UV－B對於皮膚的傷害度比UV－A強很多，但在陽光中UV－B的比例則比UV－A少很多。像是做完海水浴之後，皮膚會變紅，這就跟UV－B有關，而曬久了之後會造成曬傷，可能會起水泡、脫皮與留下發炎後色素沉澱。

反觀UV－A會造成皮膚慢性發炎以及讓皮膚變黑，而且UV－A的波長較UV－B長，能夠到達較深的真皮層，因此長期曝曬過量UV－A的話，也是會造成光老化。

UV-A還具有穿透浮雲以及玻璃窗等物質的能力，因此即便在陰天的日子，還是必須多加留意UV-A。

「紫外線吸收劑」與「紫外線反射劑」

現在防禦紫外線的主要成分，通常會使用紫外線吸收劑（**化學性防曬劑**）和紫外線反射劑（**物理性防曬劑**）。視產品而異，這二種成分都能單獨使用，或是互相搭配使用作為原料。

吸收劑會吸收紫外線能量把它轉變成熱能輻射，藉此防禦來自紫外線的傷害與影響。現在新型的吸收劑對於UV-B與UV-A的防禦效果都不錯，穩定度與安全性也比較高。像是常見的防曬成分Mexoryl或是Tinosorb，都是不錯的紫外線吸收劑。

紫外線的反射劑主要原料則為二氧化鈦及氧化鋅，對於UV－B、UV－A二者皆能發揮效果。又因是金屬成分的微小粒子，故能夠反射陽光加以遮斷。

過去許多產品塗上後會泛白，主要是因為顆粒太大，不過最近在微粒化技術（奈米化）的幫助之下，已經可以使防曬產品塗抹後不容易泛白了。

單純使用紫外線反射劑的產品，通常會標示「純物理性防曬」或「零紫外線吸收劑」，如果平常使用一般防曬品後容易發癢或發紅的話，就可以改用有這類標示的產品。此外小朋友、孕婦、敏感肌以及醫美術後也比較適合使用。

CHECK

「SPF愈高愈有效」的迷思

超出一定數值後效果差異不大

每次說到防曬品，一定會提到「SPF」與「PA」。這些標示大家已經耳熟能詳了，可是這些專有名詞的含意與效果，還是需要了解一下。

先來說說SPF，這是Sun Protection Factor的縮寫，表示針對UV－B的防禦效果。

大家普遍認為SPF愈高愈好，事實上卻不一定如此。

依據後續的圖示，我也會向大家說明SPF與照射到皮膚的「紫外線防禦率」之間的關係。

相較於未塗抹任何產品的皮膚，擦上SPF2防曬品的皮膚，經過二倍日曬時間後才會同樣曬紅。同理可證，使用了SPF5之後，則需要五倍時間才會曬紅。

但是這種正比關係當數值越大的時候邊際效應就越低。

理論上，使用SFP30的防曬理應花三十倍時間才會曬紅，但是參閱圖表即可明瞭，事實上並無法達到這麼強效的能力。

也就是說，SPF30以上的防曬品，彼此間的紫外線防禦率差異會越來越小。

而且因為SPF越高，防曬成分添加的劑量通常也需要越高，因此是否真的有必要使用這麼高劑量的防曬產品，就值得消費者們仔細思考。

▶SPF與照射到皮膚的紫外線防禦率之間的關係

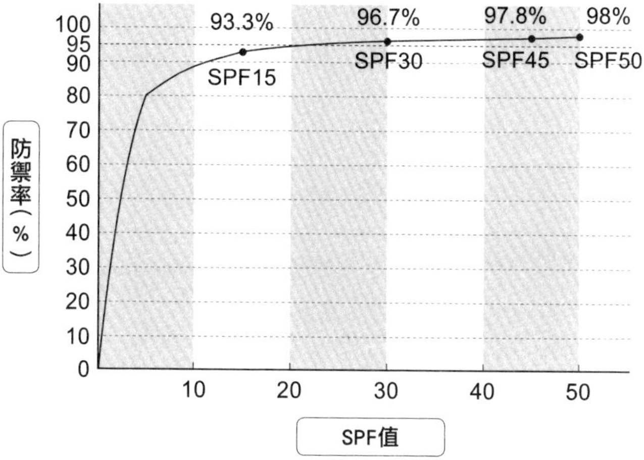

一般日常生活使用的話，SPF30左右的防護效果就已經很適合，除非是長時間在戶外活動、皮膚較白皙或是醫美術後希望減少色素沉澱的使用者，在這些需求下使用SPF50+的防曬產品才會比較有意義。

記得「勤於補擦」

通常會標示在SPF旁邊的數字，就是「PA」，這是

Protection grade of UVA的縮寫，意指對於紫外線UV－A的防止效果到達何種程度。

共有「＋」至「＋＋＋＋」四個等級，「＋」愈多被視為效果愈好，其實這是日本獨有的分類評價方式，其他國家的產品並沒有「PA」的標示。[5]

不少消費者認為選擇數值高的產品用起來才安心，不過是否容易受紫外線影響，個人差異非常之大，會因為天生的膚質及膚色，出現極大差別。

想要確實看出防止紫外線的效果，事實上「用量要足」與「勤於塗抹」，遠比「選擇哪種產品」來得更重要。

請大家留意，使用量須比標示用量更多一些，大量且均勻地多次疊擦。待在室外的人，基本上二至三小時就得補擦一次。如果有流汗的話，汗水擦乾後再補擦也很重要。

醫師聊保養

日曬機還是別用最好

過去有段時間，流行將小麥色皮膚視為健康的象徵，日曬機及日曬沙龍一度風靡世界各地。

不少業者的宣傳標語更打出：「利用UV－A波長較長的紫外線日曬，可減少皮膚損傷」但是承前所述，UV－A其實會穿透至皮膚深層，也是形成光老化的原因之一。

本來皮膚由原色變成茶褐色，就代表皮膚出現反應生成黑色素。其中甚至有研究結果指出，增加日曬時間會損傷皮膚深層，增加黑色素瘤（Melanoma）以及提高罹患皮膚

5 審定註：臺灣衛生法規並沒有訂定自己的防曬標示系統，所以都是依循其他國家的標示，因此在世界上其他國家採用的防曬係數標示方法，臺灣市場都可以採用。

癌的風險。

美國食品藥品監督管理局（US FDA）也禁止未滿十八歲的人士使用日曬機，在澳洲大部分地區也禁止日曬機用於商業行為。

當然皮膚的狀況會因人而異，耐受度與反應也都大不相同，但是為了避免早期光老化及皮膚癌的風險，我自己建議若只是希望皮膚呈現小麥色的話，最好還是不要輕易使用日曬機較好。

CHECK

過度臉部按摩反而使皮膚鬆弛又暗沉

力道不慎恐破壞皮膚纖維組織

上年紀後，會逐漸發現臉部開始鬆弛，皮膚日漸暗沉，有些人為了解決這些問題，因此開始每天進行臉部按摩。

我了解大家的心情，一旦發現口周浮現法令紋的徵兆，的確會想將兩頰往上拉提。

但是以一名整形外科醫師的觀點來看，我還是要老實告訴大家，事實上，這類的按摩其實效果不大，過度操作後反而容易造成皮膚鬆弛與變黑。

依照軟組織的構造，我們如果要維持皮膚表面的光澤與彈性，其實必須在支撐皮膚的纖維組織（膠原蛋白與彈力蛋白）上下工夫。所以想要維持皮膚的彈性，千萬不能破壞這些纖維組織，最好應該隨時小心保護才是。

當我們藉由按摩的方式按壓、揉捏、拉扯之後，將破壞這些重要的纖維組織。

這也是為什麼在你奮力的按摩之後，非但沒有改善皮膚狀況，反而容易造成鬆弛的原因。

大家只要想像一下，支撐皮膚的細線一根根斷裂的模樣，就不難以理解我所陳述的事實了。

對於皮膚拉提也於事無補

身為一名每天操持手術的醫生，實在無法想像人類的皮膚靠雙手就能輕鬆拉提。

舉例來說，大家可能會以為，幫助一名顏面神經痲痺的患者營造表情變化，只要將肌肉拉提縫合即可，但事實上並無法如此簡單了事。

雖然也有類似拉提這種緊實臉頰的整型外科手術，不過得一併動到皮膚底下的筋膜等強固組織，否則是看不出效果的。

因此，**不管用手如何嘗試推壓及拉扯，其實只會破壞有助於支撐皮膚的寶貴纖維組織，對皮膚根本毫無益處。**

按摩滾輪須留意使用方式

熱賣的按摩滾輪也是一樣，考量到皮膚構造之後，我還是建議大家不要使用過度。

按摩滾輪或許能夠改善血液及淋巴循環，消除水腫，使臉部一時片刻感覺線條變俐落了。

但同樣的道理，若在臉頰周圍等皮膚較薄的部分，長時間大力使用按摩滾輪之後，將破壞纖維組織，造成反效果。

以長遠的眼光來看，這些舉動反而可能形成皺紋，造成鬆弛現象惡化，因此我並不太推薦大家這麼做。

如要使用按摩滾輪的話，請盡可能將力道放輕，並使用短時間即可，這樣比較沒有問題。

皮膚應避免過度摩擦

我不建議大家按摩，還有另一個原因，因為「皮膚經摩擦後會變黑」。有些人為了使護膚產品滲透，會拚命按摩以促進吸收，其實這對皮膚來說實屬地雷行為。

因為過度按摩會立即導致皮膚發炎之後造成暗沉、變黑。科學方面已經證實，皮膚一直受摩擦之後，將誘使角質變厚與黑色素增加，於是皮膚就可能變粗、變厚與變黑。

有些人的手肘及膝蓋等突出部位會黑黑的，其實就是因為這些部位比起其他部位更容易受到摩擦，所以才會引發色素沉澱。

想要去除這種泛黑的情形，於是用力搓揉清洗的話，反而會更加惡化。

「少碰」皮膚最好

想要消除因為摩擦所導致的泛黑現象，只能別碰皮膚耐心等待。**皮膚表皮再生的更新週期為三十到四十天，促進更新週期最簡單的的方法，就是「少碰」皮膚**。

大家聽說過肝斑（Melasma）這種症狀嗎？

就是在兩頰會形成左右對稱的淡茶色斑點（**色素沉澱**），這問題跟受到日曬與賀爾蒙影響有關，但是近來也推測是起因於皮膚的慢性摩擦。

由於患者大多會沿著顴骨的輪廓線，長出左右對稱的黑斑，因此才會推測與洗臉或上化妝保養品時，經常接觸到這部分皮膚有所關聯。而過度的臉部按摩，同樣可能造成這類斑點。

我所建議的治療方式，便是盡量避免皮膚刺激，有耐心地好好調理約二到三個月的時間，就能逐漸看出改善後的變化。

皮膚禁不起摩擦，所以長時間觸碰就會變粗變厚，而且受刺激之後還會導致顏色變深變黑。

請相信皮膚原始的再生能力，提醒自己保養皮膚盡量「少碰」為宜。

▶肝斑的示意圖

醫師聊保養

「扁平疣」一碰就變多!?

不像黑痣一樣明顯黑黑的，乍看之下如同斑點一般，但是具有些許厚度，這正是屬於褐色的一種病毒疣，是由人類乳突狀病毒所造成。[6]通常大小落在二公釐至一公分左右，經常長在臉部或手背等處。

這種疣是由病毒感染所引發，若對其又抓又搔的話，會再沿著所接觸的部位進而愈長愈多，進一步引發其他感染，是十分棘手的症狀。

可說每次在患者自行抓摸時，就會擴散傳染。一旦發現自己身上有這種狀況，請至皮膚科接受治療，平時也請盡可能少碰皮膚，有助於預防這類病毒的感染。

6 審定註：人類乳突狀病毒（Human Papillomavirus，HPV）是一種DNA病毒。該類病毒會感染人體的表皮與黏膜組織，目前約有一百七十種類型的HPV被判別出來，有些時候HPV入侵人體後會引起病毒疣甚至癌症，但大多數時候則沒有任何臨床症狀。

CHECK ✓

「過度清潔」反而會造成乾燥肌

如何洗臉才不會妨礙皮膚原本機能

有乾燥肌或皮膚粗糙困擾的人，現在可說是與日俱增，其中最大的原因，**其實就是「過度清潔」的緣故**。

有些人每天早晚都會洗臉、洗澡和洗頭，這種習慣一旦養成，不洗就會覺得不舒坦，所以總是停不下來。

但是人類的皮膚根本不需要如此頻繁地清洗。

我們的皮膚，通常會存在皮膚常在菌保持弱酸性，維持皮膚環境以免有害細菌不斷增生。而且屬於皮膚常在菌的表皮葡萄球菌，會代謝皮脂，再製造出甘油及脂肪酸，維持皮膚的防禦機能。

再者皮膚其實一直都在進行新陳代謝，因此即便沾附上汙垢，之後也會隨同老廢角質剝離而脫落，皮膚天生具備每天自動維持清潔的機制。

所以**清洗皮膚時，最重要的就是盡量別去妨礙這種原始的生理機能，保持皮膚的正常狀態**，總而言之，就是「不能過度清潔」。

過度清潔皮膚容易乾燥粗糙

過度用力清潔皮膚的話，表皮上皮脂及皮膚共生菌會減少，也容易造成皮膚障壁損傷。

臨床研究也已證實，過度洗淨之後，皮膚乾燥、濕疹、細菌感染以及過敏的風險將會提升。

但是假使皮膚很健康，就算表面皮脂暫時被去除了，新的皮脂在二至三小時內又會於皮表重建出來，皮膚的防禦機能也會漸漸恢復，因此無須過度擔心。

皮膚沒有被過度清潔的話，洗臉後就比較不會感到乾燥緊繃，也就沒有必要再另外使用保濕護膚產品。

話雖如此，在意乾燥狀況想用點保養品時，一般擦點清爽的乳液即可。如果比較乾燥的話，局部使用點凡士林油膏也可以。

皮膚保溼最重要的目的就是讓皮膚能自己做好保濕的工作，過度保濕對皮膚並沒有益處。

但是患有異位性皮膚炎或乾燥性皮膚炎的人，在洗臉洗澡後使用適當的保濕產品是會有幫助的，但這部分請務必向皮膚科醫師諮詢後再使用。

CHECK

有關化學換膚的小小誤解

大家對於化學換膚有怎樣的概念？

化學換膚能將皮膚上多餘的角質去除，促進皮膚再生，因此除了治療痘痘之外，在治療斑點以及皮膚鬆弛這方面，也備受矚目。

以美容為目的的化學換膚，在護膚中心或是美容沙龍都能接受療程，但是治療痘痘的化學換膚，依照日本法律規定只有皮膚科等醫療機關才能進行療程。不過二者皆無法申請保險給付。[7]

7 審定註：在臺灣，含果酸（包含甘醇酸、乳酸與杏仁酸）及相關成分的化妝品規範產品酸鹼度需要在三・五以上。至於酸度更高的化學換膚產品，到底定位如何？操作者為何？以及相關管理細節為何？目前尚未有標準與相關細節，所以造成不少市場亂象，亟需衛生單位重視改善。

所謂的化學換膚，本來就是意指「用化學成分剝除部分皮膚組織」，所以很容易聯想成在皮膚塗上換膚液之後，藉由剝除角質表面以長出新的皮膚，但是事實並不一定是如此，這部分要看使用的成分種類與細節而定。

像是適合日本人皮膚的換膚液，近來大多是使用乳酸，但是剛塗完乳酸後的皮膚，角質層幾乎是不會立刻剝離的。

一聽到「酸」，很容易讓人以為會直解溶解皮膚，但其實沒有這麼恐怖。一般只是藉由酸性成分中的氫離子，讓角質細胞與角質細胞間的接合力變差，之後讓老廢角質容易剝落。

簡單來說，也就是利用化學反應，加速皮膚的更新週期。

換膚液本身並沒有直接讓皮膚剝離，而是使用酸性物質引發化學反應，藉此促進表皮基底細胞增生，以促進代謝時間、加快皮膚角質層再生速度。

化學換膚效果當然會因人而異，只要正確治療的話，我認為確實是可以喚醒皮膚本來的組織結構，找回細緻又具彈力的皮膚。

醫師聊保養

ⓘ 磨砂產品其實是皮膚大敵

說到要去除老廢角質，可能很多人都會想到磨砂膏。**但是使用磨砂膏，對皮膚可是一點好處也沒有。**磨砂膏基本上會干擾傷害皮膚的角質層。就算想要強行除去老廢角質，也不應該以磨擦方式加以去除，外來的刺激只會傷害皮膚而已。

此外，再三以物理性方式刺激皮膚導致發炎損傷的話，久而久之就容易造成色素沉澱或變黑。一旦皮膚變黑了，之後再繼續摩擦去角質，只會讓情形一再惡化。

以皮膚生理學來看角質層是表皮最外層，擔負著保護內在組織與器官的重要職責，無論是皮膚的觸感、亮度、透明度以及保濕度、膚色與健康，跟角質層都有著密切的關係，所以**理論上對皮膚來說應該要「護角質」而不是「去角質」**。

CHECK

有痘痘，「別亂擠」很重要

成人痘越來越常見

青少年的時候明明不會長，沒想到長大後才開始冒痘痘的人，其實出乎意料地多。

十幾歲時開始冒出來的「青春痘」，主要是因為皮脂分泌過盛造成毛囊開口角質堵塞產生粉刺，以致於痤瘡桿菌（Cutibacterium acnes）增生而發炎所造成。然而成人痘會冒出來，原因就比較複雜了，除了膚質因素之外，跟個人飲食狀況、生活習慣、賀爾蒙波動以及化妝保養品的使用都可能有關。

無論是青春痘或是成人痘，都要注意男性賀爾蒙（雄性素）對於皮膚的影響，尤其是女性的月經痘也是成人痘常見的種類。

在青春期時，通常男生長痘痘比較常見，但提到成人痘，反而在女性身上比較容易發生。

其中有一個很重要的原因就是化妝保養品不適當使用所致，像是含油量比較高的卸妝品、保養品或是彩妝品，都是容易造成女性成人痘的原因。

痘痘不要自己動手亂擠

只是長痘痘罷了，常會讓人以為自己就能處理，但是長時間沒有改善時，還是應該立即前往皮膚科求診。擔心痘痘問題的人，最好還是和醫師諮詢過後，接受適當的治療。

造成痘痘的原因常常因人而異，要治療之前先了解病因非常重要。專業皮膚科醫師一般會先釐清發生過程、判斷痘痘嚴重度、分析可能的誘因、篩選不適當的保養品以及建議在生活上與飲食上該注意的地方。

另外，痘痘其實不建議自己亂擠，因為哪些痘痘需要擠？哪些不能擠？要怎麼擠？要用什麼工具擠？擠後要如何處理？其實都很需要專業經驗與技術，**所以如果臉上有痘痘想要擠，請務必諮詢皮膚科醫師的建議與判斷處理**。

洗臉要注意輕柔洗淨

有些人為了預防痘痘，一天會洗好幾次臉，或用具有強力清潔效果的產品洗臉，但是請立刻停止這種行為吧！

因為過度清潔容易導致皮膚乾燥，造成角質受損，之後很容易變成外油內乾的病態性肌膚。

另外也不能為了徹底卸妝而用力摩擦皮膚，卸妝應挑選可以覆蓋整臉且容易沖洗乾淨的產品。使用洗臉皂的話，請充分起泡後輕柔洗淨。

還有，請大家別因為在意毛孔髒汙的問題，而使用內含磨砂膏的清潔產品。如同前面的論述一樣，磨砂產品會對皮膚造成刺激，基本上對於任何膚質皆不適宜。

有皮膚問題時請到皮膚科求診，就能請醫師指導你清潔方式以及洗臉次數，還能請醫師開立適合自己的處方用藥。

長痘痘不要一個人想破頭解決，也不要亂買產品亂用亂試，第一步請先上皮膚科求診吧！

CHECK

蒸臉反而會有反效果？

以醫學角度來說恐導致乾燥肌

開冷暖氣後房間會很乾燥，於是有些人會使用產生蒸氣的機器，讓水蒸氣噴在臉上防止乾燥。

但是蒸氣的保濕效果只有一時片刻，過度使用的話，將完全出現反效果，所以請特別留意。

其實讓蒸氣直接接觸臉部根本不具保濕效果，噴完蒸氣後雖然會感覺濕濕潤潤的，但是緊接著水分將立即蒸發。

而且長時間以溫熱蒸氣加熱皮膚的話，將影響保持潤澤度最為關鍵的角質層構造，造成水分容易蒸發，最終可能使得皮膚本身變得容易乾燥，甚至還會因為熱度關係而造成皮膚容易泛紅，所以請大家一定要小心留意。

如想使用蒸氣預防乾燥的話，請不要直接噴在皮膚上，建議大家將整個室內環境加濕。這樣也有助於防止靜電，才能長期保護皮膚避免乾燥。

皮膚乾燥的話要小心靜電！

雖然偏離了化妝品的主題，不過有一個關係到切身的皮膚，希望大家都能留意的問題，就是「靜電」。

皮膚角質層雖然就有保濕功能，但保水度卻因人而異。如果環境乾冷加上皮膚本身又很乾燥的話，就容易產生靜電。短暫的靜電放電會讓人受到驚嚇或覺得有點麻麻的，但不會造成皮膚或身體傷害，只是對有些人來説仍是生活上的小麻煩。

而且一旦發生靜電，室內灰塵等微細汙垢就容易附著在皮膚上或頭髮上，只要增加皮膚與頭髮的濕潤度，就可以大大減少靜電的生成。

想要防止靜電，首先最有效的作法，就是留意穿著在身上的衣物材質。其中又以化學纖維和羊毛材質最容易產生靜電，因此請大家盡量身穿絲質、棉質或亞麻這類的天然纖維。

另外，儘量避免室內乾燥，對於減少靜電的發生，也具有一定的效果。

近年來的住宅大多標榜高氣密、高斷熱，大家住在這樣的建築物中，大多傾向依賴冷暖氣來調節室溫。

可是這樣的房子很容易就會顯得乾燥，所以適當地加濕、放盆水，或是開窗通風減少空氣中的乾燥程度，也能有助於防止靜電。

再者，定期清掃吸塵減少室內灰塵量，或在裝潢時使用木頭等自然素材，減少塑膠或金屬材料也可以減少靜電發生。

順便告訴大家，目前已有研究結果證實，在木製飼育箱裡生活的老鼠，其生存率高過於住在金屬或混凝土飼育箱的老鼠。由此可推測，自然建材對全身都有好處，也將有益皮膚。

CHECK

「保握黃金睡眠時間」根本是無稽之談

入睡後三小時後才會分泌生長激素

一般常說，想要保養美肌，最有效的作法是在晚上十點至凌晨二點這段黃金時間上床睡覺。

傳聞中號稱「黃金睡眠時間」的這個時間帶，因為會分泌出生長激素，於是很多人就認為這樣對皮膚有益。

但是，這種說法其實毫無醫學根據。

我會這麼說，是因為生長激素需要在入睡後的熟睡期，才會開始分泌。

一般來說，生長激素在睡著後的三小時之後才會開始分泌。**只要能夠擁有充分高品質的睡眠，不管幾點睡覺，生長激素都一定會分泌出來。**

簡單說睡得好比睡的長更有意義。

當然早睡早起對身體最好，可是依照現代人的生活習慣，十點前就寢應該相當困難，所以也沒必要過度在意黃金睡眠時間。

話雖如此，良好的睡眠習慣對於維持健康的皮膚新陳代謝很重要，皮膚健康了要更美麗也會比較容易，而且還有助於預防斑點及皺紋。所以長期的熬夜或失眠絕對是影響皮膚幸福的大敵。

請大家找出自己覺得舒適的生活作息習慣，不必拘泥於「黃金睡眠時間」，用心維持優質睡眠更重要。

CHECK ✓

「經皮毒」的說法完全不科學

信任皮膚的防禦機能

這幾年常聽到「經皮毒」一詞，我想有些人恐怕會對此感到憂心忡忡。

導火線源起於一本由藥學博士所出版的書籍，書中談到了引人不安的內容，例如用於日常用品或是化妝品當中的化學物質，會經由皮膚進入體內，蓄積於子宮及肝臟之內……

就結果論而言，其實大家根本不需要擔心。因為考量到人體機制之後，就會明白這根本不可能。

順帶一提，學術上根本不存在「經皮毒」這種名詞及概念。

首先，我已經重申過數次了，**位於皮膚表面的角質層，具有極優異的防禦機能，因此異物根本無法如此簡單滲透**。

再加上皮膚分成表皮、真皮、皮下組織這好幾層構造，能夠藉由每一層的防禦機能阻擋異物由外部侵入。

一般的日常用品或是化妝品所使用的成分，其分子量**（分子的大小）**就物理面而言，是很難完全突破這些防禦機能。

而且異物可到達的角質層中，並沒有毛細血管通過，所以唯有這些構造受到破壞時，藉由皮膚吸收到的成分，才較容易隨著血液循環運送至體內。

因此，一般市面上所販售的化妝品或日常用品，只要正確使用，並不太需要擔心成分經由血管囤積到體內的情形。

萬一進入體內還有相關機制發揮作用

有些人可能會有這樣的疑慮——就算皮膚的防禦機能可發揮作用，但要是從毛孔進入體內的話呢？

話說的一點也沒錯，成分從毛孔侵入後，通過毛孔內部組織進入血液當中的可能性，並非為零。

但是萬一有毒成分進入血液循環的話，這時候身體的免疫與代謝功能便會啟動。因為當有害物質入侵時，我們的身體原本就具備將有害物質排出體外的能力。與其擔憂「經皮毒」，更應該留意自己有沒有做一些會傷害皮膚的事情，或是亂用化妝保養品。

謹慎選擇、正確使用、保護皮膚原本障蔽功能、減少皮膚無謂的傷害與破壞，才是最重要的正確觀念。

堪比邪門歪道的「經皮毒」

煽動經皮毒恐慌的造謠者，似乎與多層次傳銷這方面有所關聯。約莫在十年前，當時日本政府曾命令某家公司停業，理由是「利用經皮毒，使大眾對其他公司產品產生恐慌，進而誘導大眾購買自家產品」。

也就是信奉「經皮毒」的這群人，藉由引爆大家對於其他公司產品的疑慮，勸誘大家購買自家公司的產品。

這就好像邪門歪道一樣，製造不安情緒來誘導大家。這類的傳銷方式目前似乎依舊存在，所以請大家得多加小心。

不論是你的身體或皮膚，還有政府對於成分使用規定相關法律，都是值得信賴的。面對煽動不安情緒的廣告，我們都要實事求是，不要輕易相信假訊息。

CHECK

再生醫療「幹細胞」的真相

對於修復皮膚值得期待

對於再生醫療這方面，目前也有號稱使用最先端科技的幹細胞在進行治療。

就是將幹細胞，像是間質幹細胞、血液幹細胞或是脂肪幹細胞等，以注射或點滴的方式直接打進皮膚裡，促進損傷部位進行修復，這類再生醫療對於皮膚修復的確頗具發展潛力。

在這股趨勢影響下，就連美容領域也開始導入幹細胞注射，用來改善斑點、皺紋以及鬆弛等因年齡增長而出現的症狀，希望能比過去的雷射治療以及肉毒桿菌注射來得更加有效。

最近在市面上甚至還出現了「幹細胞精華」這類的保養品，幹細胞對於保養皮膚的效果，似乎備受眾人矚目。

很可惜的是，幹細胞對於抗老化是否能發揮功效，目前仍未獲得實證。**儘管幹細胞對於修復皮膚損傷部位確實有效，但是幹細胞（與相關衍生物質）是否能夠長期對抗老化有所幫助而且安全，目前仍無法確認。**

幹細胞的特色在哪裡？

雖說如此，畢竟幹細胞潛藏著千變萬化的可能性，所以在這裡我也稍微說明一下。

我們的身體由無數的細胞所組成，為了保持健全的狀態，新細胞必須汰換掉舊細胞，修復受損部位，而此時正是幹細胞大展身手的時刻。

所謂的幹細胞，意指「分裂後具有能製造出和自己相同細胞的能力，並具有分化成其他種類細胞的能力，可無限增生的細胞」。幹細胞不但具有分裂後形成同為幹細胞的能力，還擁有可變化成其他細胞的能力，所以能視情況，生成必要的細胞。

為了運用這種幹細胞才具備的特性，實現再生醫療，治療因疾病或受傷等因素而受到損傷的組織及細胞，現在各式各樣的研究也正在推動中。

在能夠信賴的醫療設施接受治療

雖說要將幹細胞用注射或點滴的方式打入皮膚，在診所裡就能進行。可是使用幹細胞的再生醫療，在日本則須經由厚生勞働省認可之特別認證再生醫療等委員會，嚴格審查這項治療的妥當性、安全性、醫師體制、細胞加工管理體制。通過這些審查之後，還須向厚生勞働省提出治療計畫，經受理後才得以開始進行治療。

再者也曾有報告指出，先前發生過利用幹細胞進行治療時，造成感染、混入異物與血管栓塞等情形，導致健康受到嚴重損害的案例。所以，倘若認真考慮幹細胞治療的人，應選擇依循正式管道向厚生勞働提出「再生醫療等提供計畫」值得信賴的醫療設施會比較有保障。

PART 03

不可不知！常見美容成分的真實與謊言

保養品使用後效果好神奇？
所有成分都是一體兩面，
如何拿捏取捨更重要！

CHECK

矽靈真的會堵塞毛孔嗎？

屬於醫療用的安全素材

最近有愈來愈多人認為，加在洗髮精或潤絲精裡的矽靈會導致掉髮、受損及異味，所以習慣盡量選購無矽靈的洗護髮用品。

但是依據科學佐證，其實答案是否定的。

「矽靈會阻塞毛孔，連帶對身體造成不良影響」，這樣的理論根本毫無根據。

一般所謂的「矽靈」，正確名稱通常會標示成「Silicone」。

矽靈為氧、矽及有機官能基所組成的有機化合物，特徵為耐熱又耐光，且具有柔軟度、高透氣性等等。其安全性無庸置疑，因此多方活用於日常用品、烹調器具及醫療用品當中。

尤其現今在醫療用膠帶這方面，格外受到矚目的就是矽膠帶。例如手術後等場合，用來黏貼覆蓋傷口的紗布，而這種矽膠帶的黏著面就是使用了矽靈。撕下膠帶時不僅不會痛，更不會損傷角質，對皮膚十分溫和，因而廣泛普及。

矽靈依據加工手法，也可製成液體也能變成固體，特色是加熱後也不會產生變化。

有些人也許會擔心，固態的產品日後是否會溶解，液態的製品會不會變硬？其實這些現象以化學面而言，完全不可能發生，所以請大家放心。

沾到皮膚也無害

用於洗護髮產品中的矽靈，主要功用是包覆頭髮，屬於油性成分，因此的確需要洗淨，但是沾到皮膚並不會造成任何問題，所以就算清洗後殘留，也不會損害到身體健康。

曾有消息指出，矽靈從毛孔被身體吸收後，會囤積在身上，但是考量到粒子的大小，這種事情並不可能發生，因此沒必要因危言聳聽而不知所措。

在矽靈的包覆作用之下，洗髮或沖髮時，確實能減緩頭髮與頭髮之間的摩擦，也能賦予受損且毛燥的頭髮散發光澤質感。

由此看來，該選擇含矽靈或無矽靈的產品，可說任憑個人喜好。**偏愛洗髮後具光澤又柔順的人，可選購內含矽靈的洗護髮產品，喜歡頭髮質感偏向蓬鬆舒爽的人，最好選擇無矽靈的產品。**

「過度清潔」的問題才值得注意

不過關於頭髮還是有一點希望大家能留意一下。

那就是「清潔方式」。

不知為何，大家總是以為頭皮比臉部等皮膚來得強健，其實並沒有這回事。

所以**千萬不要用指甲用力抓洗，造成頭皮過度刺激**。

尤其頭皮會癢的人，通常會為了洗掉癢感，因此更拚命搓洗，但無論是皮膚或是頭髮，過度摩擦都會受傷，而且頭皮受傷之後，就會形成後續發癢的原因。所以**提醒大家應使用指腹，盡可能溫柔的清洗頭皮即可**。

此外，我也不太建議一天洗好幾次頭。不管是頭髮還是皮膚，過度沖洗都會越洗愈乾燥，這反而對頭髮與頭皮都不好。

至於洗髮頻率每個人也都不太一樣，容易出油的話可以每天洗，沒有這麼油的話兩三天洗一次也可以。

再者，生活模式與環境不同也會有所影響，比方說有些人的工作環境悶熱容易出汗，有些人則是每天在辦公室，洗髮的頻率也可以隨之調整。

「洗髮精」顧名思義是用來洗頭髮的清潔產品，但其實洗髮的重點是「洗頭皮」，因為頭髮是死的蛋白組織而頭皮是活的。所以在選擇洗髮產品時，成分簡單安全、洗淨力溫和很重要，先洗頭皮再洗頭髮也是關鍵。

醫師聊保養

碳酸泉洗髮能加強清潔!?

「碳酸泉洗髮」是使用摻入高濃度碳酸氣體的碳酸泉來清潔頭髮，宣稱有助於去除黏附在頭皮以及頭髮裡的髒汙，屬於天然的頭髮保養方式之一。

在碳酸泉洗髮的宣傳文句中，標榜皮脂、老舊角質、老廢物質、矽靈以及多餘油分等，無法靠洗髮精完全清潔的髒汙，皆能藉由碳酸的微細泡沫力量，使這些物質從頭髮及頭皮上剝落。

碳酸泉原本便具有改善微循環的優點，而且效果比一般溫泉更加顯著。譬如骨科在為腳傷患者進行治療時，有時為了先改善患者的血液循環，就會使用碳酸泉。

只不過，在洗淨效果方面，目前仍缺少佐證資料。

尤其考量到去除油分這一點，通常需要類似界面活性劑這樣的清潔乳化作用，少了這個環節，碳酸泉在去除髒汙效力方面，目前仍是未知數。

再者，**我認為其實沒必要那麼努力地去除掉髒汙，因為人類的皮膚天生就具備維持乾淨的能力，有髒汙時也會隨老廢角質自然剝落。**

CHECK

合成聚合物會危害皮膚功能？

多數聚合物其實很安全

內含於保養品當中的合成聚合物，成分與保鮮膜一樣，因此先前也有消息報導，合成聚合物會像塑膠一樣覆蓋於皮膚表面，干擾皮膚的功能，引發了小小騷動。

話說回來，這個消息真的可靠嗎？

聚合物（Polymer）是指具有非常大的分子量的化合物，分子間由結構單位或單體由共價鍵連接在一起，又分成天然聚合物與合成聚合物這二種類型，諸如膠原蛋白、角蛋白等蛋白質，就廣義而言就是屬於天然聚合物。

反觀合成聚合物，則意指「經化學合成的高分子化合物」。如此分類看似籠統，其實以保養品的成分來說，凡有標示PEG（聚乙二醇）、PPG（聚丙二醇）、Poloxamer（泊洛沙姆）、Carbomer（聚丙烯酸）、Cellulose（纖維素）、Siloxane（矽氧烷）、Dimethicone（聚二甲基矽氧烷）與Copolymer（共聚物），皆屬於合成聚合物。

說到為何聚合物會使用於保養品當中，其實不同的成分有不同的功能。**像是有些聚合物可以穩定配方分散、有些具有乳化效果、有些可以讓產品觸感變滑順、有些可以讓質地呈現凝膠狀、有些則是具有吸水或鎖水的特性，功能可謂相當多樣性**。

有些聚合物還可以覆蓋皮膚凹凸不平的部位，讓毛孔與坑疤變不明顯，用以提升視覺效果，摸起來也會覺得皮膚變細緻了。

就這層意義來說，保養品內含聚合物似乎是很合理的事情，畢竟是為了讓消費者在使用產品後能獲得膚質改善的效果，所以也可以算是保養品不可或缺的成分。

不過量使用就沒事

問題在於，大家質疑這種皮膚「暫時的」潤澤順滑感，會不會妨礙正常的皮膚運作。

以科學的角度來探討的話，我認為合成聚合物並不會阻礙皮膚共生菌落發揮功能。當然我們也不會塗抹一層像保鮮膜一樣的東西，覆蓋在皮膚上。

舉例來說，矽靈就是合成聚合物的一種，但是因為氧氣穿透率高的緣故，因此矽靈並不會妨礙皮膚呼吸。

再說保養品所使用的合成聚合物，大多屬於親水性高的水溶性聚合物，用水沖洗臉部即可輕易去除。

就算清洗後仍有殘留，照理說經皮膚代謝後，老廢角質便會自然脫落，聚合物也不會一直停留在皮膚上。

即使是常在防曬或彩妝中使用的具抗水效果的油溶性聚合物，只要經過適當的卸妝清洗，這些成分也不會殘留在皮膚上，更不會悶住皮膚。

別過度相信保養品宣稱

「這種成分很危險」、「這種成分沒問題」，市面上充斥著形形色的資訊，一不小心就會不自覺地被人牽著鼻子走。

但是有一點我希望大家得時刻提醒自己，就是別過分相信保養品的效果。前文也曾提過，保養品的功能，就只是「保濕皮膚維持皮膚健康」。

保養品通常會標示內含許多有效成分，但這些成分的比例與濃度大多都沒有說明，所具備的效力到底有多強其實也不太清楚。所以過度期待使用效果，其實並沒有意義。

有時候保養品使用後效果太神奇，反而要注意是否是因為添加違法成分所造成。

保養品不是不能有功效，只是功效需要有一定的佐證。保養品不是不能有效果，只是效果會有一定的限制。

皮膚天生就具備維持正常機能的能力，根本無須過度保養。當我們將額外的成分擦在皮膚上，期待效果的同時也要注意這些成分是否會造成皮膚的傷害，甚至會干擾皮膚原有的正常生理功能。凡事有好處就會有缺點，如何拿捏取捨很重要。

化妝保養品的使用，種類越簡單越好數量愈減少愈好，找回皮膚原本的機能，才是實現健康美肌的最快捷徑。

CHECK ✓

正確認識玻尿酸很重要

存在於人體組織的潤滑劑

玻尿酸和膠原蛋白一樣，皆具有美肌效果，最近眾多保養品都會標榜內含這種成分。

玻尿酸原本就是存在於我們體內的成分，但是自從發現玻尿酸會隨著年齡增加而減少之後，大家紛紛覺得「不補充不行……」，於是除了直接擦在皮膚上的護膚產品之外，市面上也推出了不勝枚舉的美容食品。

玻尿酸為高分子化合物，由雙醣重複排列成二千至五千組的螺旋結構，廣泛分布於皮膚、肌腱、軟骨、血管等組織當中。

具有高度保水力及黏性，在細胞與細胞連結時，可發揮類似潤滑油的緩衝作用。早從二十幾年前開始，醫界在治療關節痛時，就會在膝關節注射玻尿酸，藉此幫助關節內部的玻尿酸生成，以達到抑制疼痛及發炎的效果。

由於早期是從雞冠萃取玻尿酸，因此價格十分昂貴，自從培養細菌大量製造的方法普及之後，如今已經變得物美價廉了。

外用玻尿酸主要是保濕功能

玻尿酸的確保水性佳，具有留住水分，形成黏稠凝膠狀的功能。因此擦在皮膚表面，能增加保水效果，讓皮膚看起來確實感覺回復膨潤水嫩了。

不過很可惜的是，這種潤澤水嫩的現象其實只是塗在臉上的玻尿酸引起的，並不是皮膚真的變滋潤了。

玻尿酸本身會形成吸水保濕膜，讓皮膚角質層含水量增加，因此皮膚才會看起來水水嫩嫩的。

但這效果並非能真的持續，只要水洗掉之後就失去了功能。

而且**如果在乾冷環境的冬季使用的話，玻尿酸反而會吸收表皮內的水分，如果沒有外加鎖水的油性成分，保濕效果將大打折扣，甚至會越用越乾**。

此外，原先人體中的玻尿酸主要存在於真皮之中，然而外用玻尿酸的分子量很大，因此擦在皮膚上也只會停留在角質層，並無法補充到真皮的玻尿酸。

注射玻尿酸只有短暫效果

不少醫美診所推出了「玻尿酸注射」這種治療方式，用來淡化皮膚上長出來的明顯皺紋。也許有人曾經親身體驗過除皺效果，但老實說注射後所出現的效果並不會比你想像的持久。

只是直接注射的話，根本無法提升皮膚本身生成玻尿酸的能力，因此一段時間沒打之後，自然就會回復原狀。

當然有些人也很滿意施打後所帶來的短暫效果，這都是個人的選擇。但我想特別提醒大家的是，注射玻尿酸有時會引發皮膚發炎或壞死的風險，因此還請確認施打時是否有委由值得信賴的醫師進行治療。

經分解後只不過是單純的醣類

話說回來，將玻尿酸製成美容食品，再吃下後的效果如何呢？如同之前說的，玻尿酸屬於高分子（**分子量大**），也因此就算內服後也無法直接被人體吸收。

我們送進口中的食物，經腸胃消化後會變成小碎片再被人體吸收。吃下肚的碳水化合物，如果沒有分解成單醣的程度，就無法被人體活用。

同樣的道理，玻尿酸在吃進體內之後，就像藉由飲食獲得的其他營養一樣，只會變成單純的「醣」，**因此非常可惜不管你多勤勉地食用玻尿酸，增加的恐怕也只是醣的量**。

換句話說，吃下玻尿酸製成的食品後，並不會在體內直接形成玻尿酸。

長時間服用恐有風險

玻尿酸其實還有不為人知的另一面。

那就是「玻尿酸」其實會被醫療人員視為「腫瘤標記」。

所謂的腫瘤標記，就是癌症產生時，血液中會增加的特殊蛋白或酵素，當這類的指標出現或增生時，便能藉此檢測及診斷出是否罹患癌症。

某些種類的癌症，在癌症增生或轉移時，體內血液中的玻尿酸濃度就會升高。這是因為玻尿酸這種活性物質與細胞的移動有關係，會促使癌症增生，因此能作為「腫瘤標記」。

承前所述，將玻尿酸吃下肚後並不會使其在體內增加，所以不會有立即的危險性。

不過，若是長時間持續服用這種身為「腫瘤標記」的活性物質，人體是否會受到影響就不得而知了。

儘管目前仍未有專家學者提出臨床試驗結果，但是也無法斷言完全不具危險性。

且若長時間服用，而使得體內失去平衡，還是會有引發某些不良影響的風險存在，因此我並不建議大家過度攝取玻尿酸。

CHECK

吃膠原蛋白並無法增加膠原蛋白

皮膚真皮主要由膠原蛋白組成

膠原蛋白是大家耳熟能詳的成分之一，同時也是大家公認具有美肌效果的保養成分，因此除了飲品、果凍、錠劑等健康食品之外，市面上也推出了許許多多內含膠原蛋白的護膚產品。

膠原蛋白是構成我們身體的一種蛋白質，約佔體內整體蛋白質的三〇%。其中的四〇%位於皮膚，二〇%存在於骨骼及軟骨，其他則分布於血管及內臟等處。

若提到與皮膚有關的部分，其實皮膚的真皮主要結構就是由這些膠原蛋白所組成。

真皮正是皮膚的基礎，主掌了皮膚的彈性及彈力。屬於蛋白質纖維的膠原蛋白，會在真皮內形成網狀的網絡，因此有助於帶給皮膚強韌度及彈性。所以膠原蛋白充足的話，就能確保皮膚充滿彈力，維持彈性十足年輕有活力的皮膚。

但話說回來，吃膠原蛋白就能使皮膚充滿彈性與光澤嗎？其實事情並沒有那麼簡單。

膠原蛋白用吃的也不會增加

相信很多人都已經猜到了，吃下膠原蛋白，在體內並「不一定」會形成膠原蛋白，這原理和前述提過的玻尿酸是一樣的。

膠原蛋白和肉類或魚類一樣，都是「蛋白質」，因此在體內會經由消化酵素分解成胺基酸的狀態，再被人體吸收。

經人體吸收後的胺基酸，會在體內變成合成蛋白質的原料，但不一定會變成膠原蛋白，所以一般來說只要能夠均衡飲食，就不會缺少生成膠原蛋白的原料。

補充維生素C才正確

只不過，膠原蛋白確實會在我們體內產生，因此還是有方法可以幫助膠原蛋白生成。

對於膠原蛋白生成最有助益的，其實是維生素C。想要製造出膠原蛋白，萬萬不可缺少維生素C。

也就是說，**如果想要增加膠原蛋白，與其吃膠原蛋白，倒不如攝取維生素C，這樣才更有效果。**

CHECK

「礦物油很危險」的觀念過時了

安全無虞的護膚油

「礦物油由石油提煉而來，因此少用比較好」這樣的觀念，至今仍根深蒂固。甚至在不少保養品上，也經會看見特別標示「無礦物油」。

但是，我們真的應該避免使用礦物油嗎？

其實我們日常生活中，就有不少具有代表性的礦物油，像是凡士林油膏、礦物油、石蠟油（液體石蠟）等等，相信這些大家都不陌生。

這類礦物油的原料就是「石油」，會被稱作為「礦物油」，其實是因為石油在分類學上，被歸類為礦物的關係。

礦物油是將石油精製後，去除不純物質，屬於無味、無臭的高純度油。而且精製後的油不會氧化，因此沒有變質的風險，特色是穩定性非常高。

通常一說到由石油合成而來，總會沒來由地給人一種不好的印象，不過事實上，醫院也會開立凡士林及石蠟油等處方箋，提供患者用於保濕皮膚，這正是因為礦物油對生物的影響極小的關係。

礦物油和我們的皮脂，屬於完全不同的化學構造，因此也不會破壞皮膚的防禦機能，滲透到身體裡。

礦物油會在皮膚表面形成一層膜，保護皮膚免於受到外來的刺激，所以就這方面來說，算是安全性非常高的油。

「礦物油＝危險」的觀念過時了

礦物油很危險的觀念，可能是因為精製技術尚未純熟的時代所遺留下來的影響。過去曾經因為護膚乳液加入了純度低的礦物油，導致皮膚問題層出不窮。但是這種高危險性的礦物油，現今已經不允許作為保養品成分了，因此大家不用過度擔心。

如果要說這類油脂的缺點，就是比較黏膩與不容易去除這兩點。使用凡士林等礦物油保濕皮膚時，假使不喜歡黏膩的感覺，有幾點使用技巧可以參考：

在微濕的皮膚上使用、使用時用薄擦或按壓的方式即可、使用後可用面紙輕柔按壓減少油分殘留。

清洗的話，適可而止即可，過度清洗可能會連同皮膚原本的皮脂一併除去，這樣就沒有意義了。

醫師聊保養

石蠟相關成分介紹

石蠟（Paraffin）依照組成與分子量大小不同有很多不同的類別，分子量低一點的是液態的，像是礦物油（Mineral oil）、液體石蠟（Paraffinum liquidum）與異烷烴（Isoparaffin）就是屬於這類別。

分子量高一點的就是呈現半固態，最常見的就是凡士林油膏（Vaseline、Petroleum jelly）或稱為礦脂（Petrolatum）。

分子量再高一點的就是固態的，像是微晶蠟（Cera microcristallina）與純地蠟（Ceresin）就是代表。

在美國CIR（Cosmetic Ingredient Review，**化妝品原料評估委員會**）的報告已經說明經過精煉的這類成分使用在化妝品是無害的。更謹慎一點的話可以選擇通過美國藥典（United States Pharmacopeia）及歐洲藥典（European Pharmacopoeia）標準的石蠟成分，這類物質甚至可以當作醫藥品基劑使用，當作化妝品成份使用更是沒有問題。

CHECK

界面活性劑真的很可怕嗎？

少了界面活性劑人會活不下去？

越來越多人意識到天然物質與環境問題，在這當中，似乎也有人認為界面活性劑不但對身體無益，還會破壞環境，因此最好能免則免。

這些人擔心的是，界面活性劑無法分解，所以會囤積於體內，甚至會汙染水質……這也使得最近標榜「不使用界面活性劑」的保養品及洗髮精，開始出現在市面上了。

只不過，有一點我希望大家能夠事先了解一下，**界面活性劑這種成分，其實也存在於自然界當中**。而且少了界面活性劑的話，我們的日常生活甚至會無法正常運作，可見在我們的生活當中，已經會大量運用到界面活性劑。

所謂的界面活性劑，顧名思義就是「具有減少表面張力的成分」，簡單來說，即「方便讓水和油可以混合在一起的成分」。水和油原本就不相容，因此將二者倒入杯中會分離成一層水和一層油。此時加入界面活性劑後，屬於油水的界線，也就是「界面」會變弱，之後就可以混合在一起。

因此可以改變界面的作用，使不相容的物質溶在一起的成分，就稱作「界面活性劑」。

界面活性劑具有「滲透」、「乳化」與「分散」這三種作用，每一種作用會共同運作，有助於去除衣物或餐具等物品上的汙垢。

除了清潔劑之外，也會運用於各式各樣的日常用品以及食品當中。

此外，保養品基本上也是將水和油混合而成，所以自然會使用到界面活性劑。例如乳液或乳霜劑型，就是借助界面活性劑的乳化作用所產生。

合成界面活性劑的種類繁多

界面活性劑的種類其實有百百種，不過第一步可分類成「天然界面活性劑」與「合成界面活性劑」。

天然界面活性劑的內含成分像牛奶一樣，一開始就是以乳化狀態呈現。最具代表性的，比方像是蛋黃或大豆當中的卵磷脂，還有牛奶的酪蛋白與茶籽（茶、山茶、油茶）榨油後的茶粕中提取的茶皂素。相對於此，利用化學反應，經由人工製成的成分，即為合成界面活性劑。

「合成」二字，很容易給人不好的印象，但現今日常生活中所使用的界面活性劑，絕大多數都是化學合成所製成的「合成界面活性劑」。包括肥皂也是屬於合成界面活性劑，但因肥皂的原料來自食用油脂天然成分，因此稱之為**「天然性合成界面活性劑」**。

另外像是「醇類」、「烷類」或是「醚類」的界面活性劑，原料則來自於石油，因此被稱為**「石油性合成界面活性劑」**。

除此之外，還有一種方法是依據「溶於水時會形成哪一種離子」來加以分類，分別將所有的合成界面活性劑分類成「陽離子型界面活性劑」、「陰離子型界面活性劑」、「兩性型界面活性劑」與「非離子型界面活性劑」這四種。就像這樣，合成界面活性劑的種類繁多，目前高達數千種左右。

視種類各有不同用途

合成界面活性劑整體來說種類繁雜，因此對於皮膚的刺激程度也是天壤之別，其中也不乏接觸皮膚後會造成危險的種類。

不過現在合成界面活性劑都會視不同用途進行使用，像是「清潔產品」與「保養品」使用的界面活性劑就會有所不同，因此大家沒必要過度擔心。

舉例來說，像是環境清潔用的清潔劑，就內含高濃度的合成界面活性劑，可以發揮強大的洗淨力，因此直接接觸後，皮膚會乾燥粗糙也是可想而知的。

以分類來說，這類的洗劑大多屬於「陰離子型界面活性劑」，而這類型的界面活性劑並不會加入保養品當中。而現在號稱溫和型的清潔產品，大多會使用「兩性型界面活性劑」，有需要的話也可以參考看看。

使用於保養品的界面活性劑，大部分是屬於「非離子型界面活性劑」。此一類型的成分，刺激性非常低，而且也不具毒性，有時候甚至會用於冰淇淋以及乳製品當作食品添加物。

正確使用不用擔心

就像這樣，合成界面活性劑的種類及分類十分繁雜，因此很難全盤透析，但大家也不需要因此過度擔心，強迫自己去了解所有的界面活性劑。

關於洗髮精、洗面乳以及沐浴乳等清潔劑，可能會因為合成界面活性劑的清潔力強弱不同，使人感覺到的刺激性也會有大有小。

所以當洗髮、洗臉或沐浴後發現皮膚容易乾燥緊繃甚至脫屑時，可以將清潔產品帶給皮膚科醫師，確認看看是否需要更換比較溫和清潔的產品。

有關界面活性劑，只要適度使用大可安心無虞。

CHECK

維生素A與A酸差很大

應由皮膚科醫師開立處方

過去一直認為，一旦長出斑點或皺紋，除了施以特殊的美容手術，否則很難改善，不過近年來出現一種成分，其成果已通過驗證有效——那就是外用A酸（維A酸）。

所謂的外用A酸，就是維生素A（維他命A）衍生物，用以治療痘痘、曬斑、老人斑及肝斑，是使用上相當廣泛的外用藥物成分。在美國外用A酸已經FDA認證可作為皺紋與痘痘的治療用藥，因此十分熱銷，但仍需由醫師開立處方才能使用。

外用A酸最主要的功效，就是促進皮膚的更新週期。有時還會搭配具強力漂白作用的對苯二酚[1]，成為淡斑的主力治療方式。

皮膚將不斷再生

話說用了外用A酸之後，皮膚會發生什麼現象呢？

外用A酸可促進表皮細胞分裂和增生，促使皮膚再生。也就是說，能夠活化更新週期，此時最特別的一點，就是位於表皮深層的黑色素也會往外推擠出來，大約二至四週時間，即可加速表皮黑色素的代謝。

1 也稱氫醌（hydroquinone），是苯的兩個對位氫被羥基取代形成的化合物。

在這段期間，如果同時使用具漂白作用的對苯二酚，避免新的黑色素生成，最後表皮上的黑色素便會變少，整體來說就會有淡斑美白的效果。

此外，痘痘是因為皮脂腺功能過強，產生過多皮脂，再加上毛孔開口處角質堵塞並產生後續發炎反應所造成。而外用A酸具有加速角質代謝的作用也具有抗發炎的功能，所以能夠有效治療痘痘。

另外，外用A酸還有一個特色，就是能夠促進皮膚膠原蛋白與真皮基質增生；因此具有抗老功能，也有改善皺紋的效果。只不過，這功能對於細紋會比較有效，對於動態紋的效果就不強了。

維生素A跟A酸差很大

由此看來，外用A酸的效果的確不錯，但在日本目前尚未通過可以當作化妝保養品成分使用。**在臺灣，A酸只能當作藥品成分也不能在化妝保養品中使用**。因此化妝品公司通常會改用「維生素A（A醇）」來取代。

儘管如此，目前坊間似乎也有不少內含維生素A的產品，會對消費者宣稱具有外用A酸的療效。

可是老實說，雖然「維生素A」跟外用A酸的正式名稱「維A酸」很像，但外用效果卻僅有百分之一左右而已。

因此即便使用了**內含維生素A的保養品，要達到類似外用A酸的效果並不容易，但要當作抗痘或抗老保養用卻還是可以的。**

A酸有效但要注意副作用

外用A酸確實具有強大的效果，**但因為強效也就代表不能忽略其可能的副作用風險**。

外用A酸屬於藥品，有些人使用之後會發生接觸性皮膚炎（A酸皮膚炎），出現皮膚泛紅、刺癢、乾燥甚至脫屑的症狀。尤其有些人的皮膚在剛開始使用沒多久，就會有嚴重發炎的現象，所以必須藉由充分保濕以及減少使用頻率來改善。

這些症狀並非藥物刺激或過敏所致，而是外用A酸開始發揮作用的表現，之後只要能慢慢適應的話還是可以放心使用。但還是建議在醫師指示下，同步觀察治療過程後再使用最為妥當。

此外在治療期間要注意防曬，以免造成光敏感或色素沉澱。

另外想特別提醒，如果有計畫準備懷孕，或是已經懷孕，以及正在哺乳中的婦女朋友，**請盡量避免使用外用A酸以免增加無謂的風險。**

醫師聊保養

ⓘ 維生素A衍生物家族

以皮膚生理來說A酸是最主要的有效物質，而A醇、A醛、A酯與維他命A糖苷都可以算是其前驅物，經細胞代謝後會產生A酸。目前來說A醇在抗老產品的可見度最高，一般使用濃度大多為〇．一至一％，要特別提醒的是若濃度超過〇．五％以上，產生發紅、乾燥、刺激或發癢的機會就比較大。

A醛的效果較A醇強，但產生副作用的機會也比較高。所以一般使用濃度會比A醇低，常見為○．○五至○．一％。

至於A酯，較能兼顧溫和度與效果的是維生素A醇棕櫚酸酯[2]，一般使用濃度為○．一五到○．三％，且常跟其他抗老成份搭配以增強功能。

2 Retinyl propionate，由A醇和棕櫚酸結合而成的酯類。

CHECK

大量攝取維生素C並不會比較好

維生素C具有美肌與美白效果

維生素C可有效美肌及美白的觀念，我想在大家心中應該已經根深柢固了，以科學角度而言，這個觀念十分正確。

維生素C屬於人類生存不可或缺的維生素之一，尤其是製造人類皮膚細胞的重要營養素。

在哺乳類當中，有些動物能在體內生成維生素C，但是人類並無法生成，因此需要經常從食物中攝取。

不過只要飲食均衡，通常皮膚都會含有高濃度的維生素C，因此沒必要過於緊張。

維生素C最主要的作用，是能幫助膠原蛋白合成，以及防止紫外線的傷害。

維生素C是身體製造膠原蛋白時必要元素之一，能有效淡化日曬後皮膚的黑色素沉澱，以及抗氧化作用，也通通獲得證實了。

就像這樣，**維生素C無論對身體還是皮膚來說，都算是非常重要的營養素，但是絕非大量攝取愈多愈好。**

攝取過多將自然排出

依據日本厚生勞動省「日本人飲食攝取標準（二〇一五年）」

的資料顯示，一般成人的維生素C每日建議攝取量為一百毫克。

因為當一天攝取量超過一百毫克時，維生素C便會自然排出體外，吸收率將下降至一半以下。攝取量超出飽和時，超出吸收範圍的維生素C將會從尿液排出，因此攝取過多其實一點意義也沒有。

但是目前已有報告證實，長期透過健康食品，一天所攝取的維生素C若超過三千毫克的話，就有可能發生腹瀉、噁心與想吐，還會對腎臟造成負擔。

考量到搭配其他營養素之後的加乘效果，我還是會建議大家盡可能從食物中攝取維生素C。比方說食用黃綠色蔬菜及水果等等，不偏食的均衡飲食，才是最健康的作法。

當然大家也能藉由健康食品加以補充，但是健康食品除了主要成分之外，有時也可能會含有大量的添加物，因此請小心不要過度攝取了。

外用效果跟成分種類與劑型配方有關

近來似乎出現許多內含維生素C的乳霜及美容液等保養品，讓消費者期待能從皮膚表面開始獲得維生素C的美肌效果。

顧慮到維生素C本身為水溶性且不穩定，因此近來市面研發出「維生素C誘導體（前驅物）」這類成分穩定度較好，在細胞中代謝後也能產生維他命C。

雖然大家都期待能在皮膚上見效，但以現況來說，各種的相關成分非常多，但因為產品的配方與濃度各有不同，彼此的效果差異也很難確認。

雖然在文獻上有提到外用維生素C的護膚效果，例如：抗氧化、抗紫外線傷害、美白、淡疤、淡斑以及增加膠原蛋白生成有幫忙。但這部分跟產品添加的維他命C種類、濃度、配方、劑型、酸鹼度以及使用方式都有關，所以在產品選擇上也是需要花一番功夫，並非每種產品都一定會有效果。

每日維生素C該攝取多少？

維生素C的含量，經常會被以「幾顆檸檬的分量」來衡量，因此很多人都會以為檸檬才是攝取維生素C的最佳來源，但其實還有許多蔬菜及水果，都比檸檬更容易攝取到維生素C，在此一併為大家介紹一下。

接下來的表格我也順便為大家換算成，每天吃多少個就能達到一日所需的一百毫克。

▶每日所需維生素C換算表

品項	數量	品項	數量
檸檬	7個	高麗菜	生食2~3片
奇異果	2個	青花菜	水煮1株
橘子	4個	紅椒	大的1個
草莓	10個	青椒	大的2個
柿子	1個	苦瓜	大的1/3個

醫師聊保養

ⓘ離子導入有效嗎？

近來備受大家矚目的，就是運用「離子導入」嘗試將維生素C等有效成分滲透至皮膚底層。

這種治療方式是用微弱電流通過皮膚，將離子化的有效成分滲透到皮膚深處。

相傳使用離子導入的皮膚滲透效果，遠比單純外用方式的成效高出五十倍左右，於是不少人開始希望利用離子導入將維生素C注入皮膚，期盼藉此獲得更顯著的效果。

這種離子導入，最近常被美容業者當成推薦商品，但其實這種技術已被醫界採用多年，主要使用目的是為了導入相關藥品以加強治療效果。

雖說美容用途所使用的離子導入方式，其原理與醫療導入相同，離子導入的效果也相對比單純外用成效佳。

但因美容用途中所使用的相關儀器，大多並沒有醫療器材的認證，功率與穩定度參差不齊；因此離子導入是否真的有其效用，仍難以有明確實驗數字證實。

CHECK

回春胎盤素的風險

原料來自哺乳類胎盤

近年胎盤素被大肆宣傳對美肌及抗老化具有絕佳效果。為了預防並改善皺紋、鬆弛及暗沉，還有達到美白效果等等，到皮膚科等醫療單位打胎盤素的人，似乎一年比一年多。

相信很多人都知道胎盤素，不過還是為大家簡單說明一下。

所謂的胎盤素，就是哺乳類的胎盤。這種臟器在懷孕期間會暫時附著於母體上，作為連接母體與胎兒臍帶的器官。

胎盤將母體提供的營養供給胎兒的同時，還能發揮類似要塞的作用，以防危險物質傳送給胎兒。

胎盤除了蛋白質之外，還內含胺基酸、醣類、維生素、核酸、礦物質等營養素，所以才會說胎盤素營養成分相當豐富。因此，胎盤素產品總會強調「強大生命力」、「回春」這類的概念。

這些胎盤素當中，也會以人類胎盤為原料，製成胎盤素注射劑。因為屬於醫療用藥品，所以無法用於健康食品或化妝品中。目前在化妝品及健康食品當中，使用的都是萃取自豬或馬的胎盤素。

注射效果無法長久持續

被歸類為藥品的胎盤注射劑，原本是在診斷出「慢性疾病引發的肝功能障礙、更年期障礙、乳汁分泌不足」時，才可能會開立出的處方。其他為了美容效果等其他的用途，在日本皆無法申請保險給付。

事實上許多醫師也會使用胎盤素，以期能在「改善手腳冰冷」、「消炎、鎮痛」、「抗過敏」這幾方面能展現功效，可是以現況來說，目前效果都只是暫時的。

胎盤素注射之後，胎盤萃取素的營養成分會循環全身，因此會暫時覺得皮膚狀況變好了。**但是過不了多久，其實又會回復原狀。**也就是說，想要維持胎盤素的抗老化效果，必須一輩子不停地持續注射才行。

想維持青春雖然打胎盤素也是選項之一，但是**目前尚無研究指出，持續注射之後最終會引發哪些風險，所以有必要在徹底了解之後，再注射胎盤素會比較好。**

理論上還是有感染的風險

再者，關於胎盤素還有一點請大家必須心理有數。過去曾經打過人類胎盤素的人，從此後就不能再捐血了。

這是因為，打胎盤素後罹患庫賈氏病（CJD）[3]的風險並非為零。CJD屬於普里昂疾病[4]的一種，當具有感染性的變性普里昂蛋白質堆積於大腦，最後將使大腦的神經細胞發生機能障礙的致死性疾病。

在萃取出胎盤素的過程中，會進行加熱殺菌處理，以除去家畜組織中可能會造成人類感染的病原體。但是自從爆發狂牛症的問題

3 罕見的神經性退化性疾病，罹患後會造成神經元細胞將壞死及減少，使大腦皮質產生空洞狀退化，大腦組織呈現海綿樣。

4 是一種具感染性的致病因素，能引發哺乳動物的傳染性海綿狀腦病。

以來，證實存在「加熱也無法滅絕的病原體（普里昂蛋白質）」，後來便禁止使用牛胎盤。

雖然目前尚無報告指出，打胎盤素會引發ＣＪＤ，但是關於這種疾病仍存在許許多多不解之處，再加上輸血時仍無法經由科學檢測方式確認其安全性，因此才會禁止捐血。

現行的胎盤素注射劑附件資料中，也都會補充註記：「理論上未知病毒及感染症的風險並非為零，請向患者充分說明後再行注射」。

有效性與安全性仍是未知數

許多商品都會打出「內含胎盤素一萬毫克」、「百分之百胎盤萃取原液」這類的標示，可惜目前還沒有產品，會註明其中的「有效」成分含量。

由於廠商並沒有揭露原料出處以及製造過程等細節，因此在有效性、安全性方面，目前來說大多仍屬未知數。

順便和大家分享一下，在日本國立健康・營養研究所統計的《健康食品——原料資訊庫》中，胎盤素的有效性相關訊息標示為——目前「仍無法找到相關資料」。

也就是說，很遺憾的就現狀而言，胎盤素這種成分，其安全性及有效性仍無法獲得證實，所以有想要施打的朋友還是建議多加思考比較好。

CHECK

「甘油」的一體二面

甘油原本就存在於體內

使用保濕效果優異的甘油來挑戰ＤＩＹ化妝水的人，似乎愈來愈多了。由於作法非常簡單，又具有充分的保濕效果，所以備受大家矚目。

因此本章節就來聊聊甘油的效果與特性。

所謂的甘油，是種無色透明的液體，算是醇類的一種。

甘油具有強大的吸濕力，因此常用於保養品及軟膏等產品當中。甘油廣泛內含於植物、海草及動物內，與脂肪酸結合之後，便會形成中性脂肪（三酸甘油酯）存在於人體內。

也是說，在我們體內原本就具有甘油這物質。**甘油不但安全性高，又是原本就存在體內的成分，因此幾乎不會造成刺激或過敏**。而且除了保濕性之外，更具有吸濕性的特點，能從外部吸收水分。

反過來說，當甘油濃度達到一五至二〇%以上的時候，也會發生吸走皮膚水分的情形，因此用於ＤＩＹ化妝水等保養品時，必須留意濃度的問題。

再者因為甘油會吸收外在空氣中的水分，所以內含甘油的化妝水，務必要將瓶蓋鎖緊。

合成甘油才會用於藥品當中

甘油分成使用植物油製成的「天然甘油」，以及原料來自石油熱解氣體中的丙烯所合成的「合成甘油」兩種。

由於合成甘油是由石油製成，通常會給人不好的印象，**但其實合成甘油的不純物質遠比植物油製成的天然甘油來得少，也就是說純度很高，所以藥品絕對都是使用合成甘油。**

反觀藥品以外的化妝品，通常使用的都是來自植物油來源的甘油，穩定度恐不及合成甘油，因此在挑選產品時，建議不需要特別避開「合成甘油」。

甘油其實不是油？

甘油的化學名稱是丙三醇，屬於多元醇的類別，本身是無色無臭並具有甜味的黏性水溶性液體，跟俗稱油類的油溶性三酸甘油酯其實是完全不同的。

也就是說甘油跟椰子油或橄欖油雖然名稱中都有「油」，但在化學結構與性質差異很大。

在醫療上，它常被用於輕度便祕的浣腸栓劑，高濃度使用的話甚至可以當作灌腸用。

在化妝保養品中，大多添加五到一五％以作為吸水保濕劑來使用，若添加濃度較高，也有輔助產品防腐的效果。

任何成分的使用都有一體兩面

甘油這成分雖然好用，但如何正確使用其實才是重點。現在要到化工行買原料很方便，自己DIY化妝水時，如果甘油濃度使用不當的話，反而可能造成皮膚的傷害。像是有些人想要加強效果於是添加過多的甘油，使用時就容易產生刺激感、黏膩感與發熱感。

所以任何一種成分對皮膚來說是好是壞，其實沒有辦法光看名稱就確定，凡事都是一體兩面各有優缺點，需要了解產品細節才有辦法判斷。

保養品用起來合不合適，常會因人而異，也是因為這個緣故，別人覺得好用的，並不一定就適合自己。先了解自己皮膚的特性，選擇適合自己的化妝保養品才是最重要的。

醫師聊保養

ⓘ 蝸牛黏液萃取的真實面

談論到蔚為流行的保養品，相信不少人應該都聽過「蝸牛黏液萃取」。

採用蝸牛黏液萃取的護膚產品，因為宣稱成分天然，又具有強大修護力，因此同樣深受某些人的喜愛。

這類型的產品大多標榜蝸牛黏液中內含的成分裡頭，具有某些酵素以及營養物質，所以能促進皮膚的活化與增生，加速皮膚的新陳代謝，並促使皮膚再生。

雖然的確有廠商真的採集蝸牛黏液萃取使用於保養品中，但是多數產品其中到底是否有添加這成分，以及添加的濃度到底有多少，實在都很難確知。

韓國便曾經發生使用含蝸牛黏液萃取製成的乳霜因而受害的案例，所以請大家要特別留意謹慎看待。

如同我之前重申過數次的重點一樣，想要將有效成分滲透至皮膚底層，真的很不容易，蝸牛黏液萃取當然也沒有例外。

先不論效果如何，只能先想像是將具保水力的一層膜，塗抹在皮膚表面上罷了。

至於實際的護膚功能還需要有更多客觀的研究才有辦法確認，目前大多數說明還是僅限於宣傳居多。

CHECK

美中不足的「蛋膜精華」

真的能增加膠原蛋白？

蛋膜在幾年前經電視媒體介紹後，因能有效美白、促進新陳代謝及抗老化，因而備受矚目。

所謂的蛋膜，就是剝蛋時黏在蛋殼內側的薄膜，主要成分為蛋白質，構造十分接近人類的皮膚或頭髮。

依據最近的研究發現，蛋膜能使纖維芽細胞[5]增加，製造出皮

5 審定註：也稱為纖維母細胞，是一種合成胞外基質和膠原蛋白的細胞，為生物結締組織的基本構造。

膚真皮中不可或缺的III型膠原蛋白[6]。

III型膠原蛋白大多會在二十五歲達到巔峰後逐漸減少，因此補充蛋膜精華，也許有可能喚醒隨著年紀增長因而持續喪失的皮膚潤澤度。

研究證實有效卻美中不足

目前已有研究結果證實，「纖維芽細胞接觸到蛋膜成分後，III型膠原蛋白即會增加」，只不過，將蛋膜精華當作保養品塗在皮膚上，是否能獲得相同的效果，又得另當別論了。

畢竟纖維芽細胞是存在於皮膚真皮（表皮深處）的細胞，因此在正常皮膚上擦蛋膜，並無法滲透到纖維芽細胞。

舉例來說，假使皮膚受傷深達真皮，或許能引起某些反應。可是只要不是處於這種狀態，蛋膜要通過角質層，滲透到真皮的纖維芽細胞使膠原蛋白增加，可能性應該幾乎為零。

由此看來，**雖然蛋膜本身看似有效，但單就現實面而言，仍無法證實將蛋膜擦在皮膚上就能看出效果。**

6 審定註：膠原蛋白在人體中常見的有三種型態，皮膚中是以I型與III型膠原蛋白為主，而關節軟骨中主要是II型膠原蛋白。

CHECK

補充輔酶Q10有效嗎？

細胞生成能量時不可或缺

輔酶Q10在美國算是常見的健康食品之一，這種成分早在二十幾年前就已經普遍用來作為輕度心臟病的醫療用藥品。

由於十分安全，後來也開始用來搭配食品、保養品，在日本自二〇〇一年起，也允許將這種成分添加在食品當中，於是市面上開始推出了許多標榜「具美容效果」、「可消除疲勞」的輔酶Q10健康食品。

那麼實際上，使用起來的效果如何呢？

輔酶Q10是必需的抗氧化物質，可使細胞發揮正常功能，而且這種成分原本就存在於我們體內。

人類的心臟總是全年無休地像幫浦一樣作用著，將氧氣及營養素運送至全身每個角落，而輔酶Q10正是生成能量，用來活動心臟不可或缺的成分。

心臟、肝臟、腎臟、胰臟，乃至於皮膚細胞通通包含在內，輔酶Q10全部都能發揮作用，可在細胞內製造出必要能量，使人體持續成長並維持健康。所以這種成分不但能產生維持生命的必需能量，同時還有助於保護身體避免氧化。

想要生存下去，就不能缺少輔酶Q10，但是輔酶Q10會隨著年齡增長而減少卻也是不爭的事實。因此吃健康食品補充輔酶Q10，並不是一件壞事。

尚無證據足以證實其效果

目前已有針對「攝取輔酶 Q10 是否能對部分心血管疾病有所療效」的相關研究，另外也有學者正在探究輔酶 Q10 是否能夠淡化細紋，使皮膚變平滑的可能性，只是目前這些研究尚且無法獲得證實。而且對於皮膚的外用效果，也還沒有相關論文提出報告，所以這部分可能還需要後續資料才有辦法判斷。

CHECK

被汙名化的對羥基苯甲酸酯

對羥基苯甲酸酯是安全的防腐劑

大家對於對羥基苯甲酸酯（Paraben）的印象如何呢？似乎還是有很多人認為Paraben對皮膚有害。因為這個緣故，市面上經常看見宣揚「無Paraben」、「零Paraben」這類無添加防腐劑的護膚產品。

「防腐劑」顧名思義，就是內含於產品當中，用來防止產品腐敗的化學添加物。當然除了化妝品之外，許許多多的食品及藥品也都會加入防腐劑。

眾多防腐劑中大家最為耳熟能詳的，就是 Paraben，但是 Paraben 這種成分真的對皮膚及身體不好嗎？

Paraben 的確是人工合成的添加物，但是現在包含老鼠實驗以及人體實驗的研究顯示，證實 Paraben 這種成分非常安全，而且刺激性低又具有優異的防腐效果。

這種「Paraben＝對皮膚有害」的觀念，恐怕是 Paraben 過去曾經屬於日本標示成分之一的緣故。

我在無添加保養品的章節已經提過了，三十幾年前，當時日本厚生省曾制定「可能引發過敏反應之標示成分」的清單，而 Paraben 就名列其中。

只是如同前文所述一般，這份標示指定成分的內容已經過時，當時認定危險的成分當中，現在有些甚至搖身一變成為健康食品，屬於市售的營養補充品了。

因此「Paraben＝危險」的觀念，有必要重新導正。

如果不保證安全，現在根本不能獲得許可，按理說是無法用於食品當中的。在法定限量下使用Paraben，可以說是有效又安全的防腐劑，實在沒必要避而遠之。[7]

「無防腐劑」難度相當高

話說回來，最近常看到許多「不使用Paraben」的商品，不含Paraben想當然爾就是加入其他的防腐劑。

7 審定註：目前在臺灣「化粧品防腐劑成分使用基準表」中規定，成分總限量為一%。只要廠商添加paraben的含量是符合法規標準的話，使用上是沒問題的。相對地，使用其他種類的防腐劑其安全性，反而比paraben更需要注意（例如會微量釋放甲醛的防腐劑或Triclosan等）。

原先日本的化妝品在取得販賣許可證時，就必須達到「未開封可保存三年」這樣的條件。[8]

完全不加防腐劑幾乎不可能滿足這個條件，因此大多數的化妝品裡頭，還是有添加其他具有防腐功能的成分。

只不過，假使真的無添加防腐劑，而無法通過保存三年的條件時，還可透過「於明顯處標示化妝品使用期限」的方式，取得販賣許可。

也就是說，真的未使用防腐劑的化妝保養品，一定得要標明使用期限。實在是很在意防腐劑的人，或是會對 Paraben 過敏的人，不妨使用這類有標示使用期限的產品。

防腐劑的可能風險

但有一點必須附加說明，無論是哪一種防腐劑成分，都會有引發過敏反應的風險存在。

雖然 Paraben 是刺激性低又十分安全的成分，但還是無法百分之百排除引發過敏的可能性。就算對於大部分的人來說使用無虞，但還是有可能不適合某些人使用。

不過，這種情形也能套用在所有的成分上頭。

承前所述，所有成分可以具有某種作用，肯定也可能會有副作用。因為優缺點總是一體兩面，需要一起了解才能看清全貌。

只要能夠理性思考正確判斷，要分清楚廠商宣稱不含防腐劑的話術就會比較簡單了。

8 臺灣的化妝品皆需標示使用期限。

CHECK

神經醯胺是有潛力的護膚成分

近來經常耳聞的保養成分，就是「神經醯胺（Ceramide）」聽起來對皮膚似乎十分有幫助，但是事實又是如何呢？

神經醯胺是由鞘氨醇分子和脂肪酸分子所構成的脂質成分，存在於表皮最外面那一層的角質層，屬於填充在細胞與細胞之間的「細胞間脂質」。

神經醯胺是油性物質，存在於角質層之內，有許多不同的種類並以層層交疊的方式排列於細胞間隙中。

神經醯胺的職責是保持角質細胞間脂質的結構，能防止水分從體內蒸散，同時還能保護皮膚內部，避免外部的刺激，簡單說就是能讓皮膚障蔽與保濕功能正常運作。**神經醯胺可說是形成皮膚防禦機能的重要物質。**

具有潛力的保養成分

神經醯胺的特性不同於一般油性或水性成分，具有複雜的機能性與特定的生理性，這是其他保養品成分所無法取而代之的。

以現在研究發現，外用神經醯胺可以補充原本皮膚不足的量而達到增強皮膚保濕功能的目的，這對異位性皮膚炎的皮膚保養來說有明顯的幫助。

也就是說神經醯胺這種成分能調整皮膚回復正常機能，提升皮膚本身的保濕能力，幫助皮膚維持健康狀態。但因為神經醯胺的種類目前發現有十幾種，要如何彼此搭配要使用多少濃度最有效，則還有待後續研究證實。

由於神經醯胺主要存在於角質層中，屬於保養品成分可以滲透到達的層次，所以如何藉由外用保濕產品達到補充效果的確相當值得研究。

但市場上價格不親民的商品似乎佔了多數，而且絕大多數產品也沒有明確標示出神經醯胺組成細節與個別濃度，因此要如何從中選擇的確還是不容易。

可以從食物中攝取

神經醯胺其實也內含於隨手可得的食物當中，所以也能藉由均衡飲食來攝取，比方像是米、小麥、乳製品、大豆，以及蒟蒻等等。

雖然神經醯胺可從這類食物或健康食品中補充，可是若刻意吃神經醯胺分子，卻不一定會在體內直接變成神經醯胺。道理就和之前提過的玻尿酸，以及膠原蛋白一樣。

神經醯胺會在皮膚生成的過程中被角質細胞製造出來，因此**與其刻意攝取神經醯胺這種成分，倒不如充分地均衡攝取能夠促進皮膚代謝更新的食物，這樣會來得更有效果，這道理也可以套用在玻尿酸與膠原蛋白的生成上。**

最後還是要提醒大家，來自紫外線的過度傷害，會是干擾皮膚正常更新最大的因素，因此每天適度的紫外線防護措施，對於維持皮膚神經醯胺功能也有幫忙。

CHECK

想處理「黑斑」要先了解是哪一種

常見斑點主要分成四種

臉上長出來的斑點，對任何人來說都會形成困擾，希望斑點盡可能淡化，可說是有斑點問題的人，求之不得的心願。

但是說到斑點，其實也有分成不同類型，而且每種斑點的保養方式也不盡相同。**搞錯保養方式的話，有時還會導致斑點惡化，因此須視斑點的種類對症下藥才行。**

斑點常見分成四種類型：

▶斑點的種類

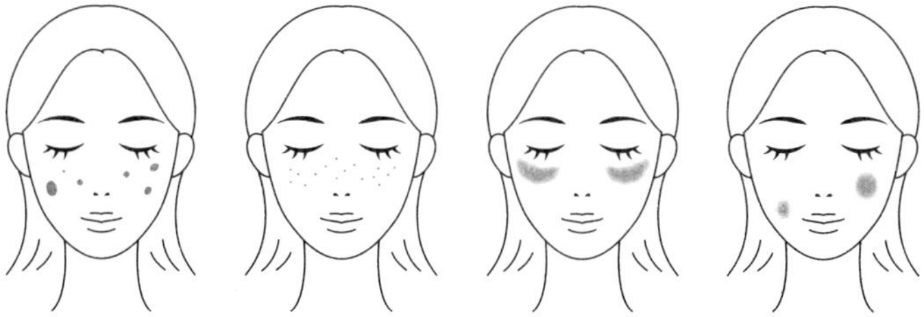

老人斑（脂漏性角化症）	雀斑	肝斑	發炎後色素沉澱
一般最常見，斑點大小不一可平可凸，大多呈茶褐色斑點，由紫外線所造成。	常見直徑二～三公釐，自年幼時期便會出現，在青春期會變明顯的茶褐色斑點。	常在產後或中年時於兩頰冒出來的對稱性黑褐色斑塊，誘因相當複雜多樣。	皮膚因為痘痘或化妝品導致發炎反應，痊癒後才冒出來的茶褐色斑點。

①老人斑（曬斑）、②雀斑、③肝斑、④發炎後色素沉澱這四種。

其中比例最高的，多數為老人斑和肝斑。接著就來簡單說明一下每種斑點的特徵。

①老人斑（脂漏性角化症）

常長在整臉的圓形斑點。斑點大小不一，可說毫無規則可言，一般人認為的「黑斑」大多屬於此類。表面平坦且呈現明顯的茶褐色。除了臉部外，也會出現在手背及手臂處。有時候年紀愈大數量愈多，顏色也會變深。

這種老人斑也稱作「日光性小痣」，由此可知，主要原因來自於紫外線。**長年曝曬在紫外線下，導致皮膚的黑色素增加**，且無法從皮膚排出而殘留下來，就會形成老人斑。

②雀斑

特徵是直徑一至四公釐的圓形小顆斑點，多數長在眼睛下方、兩頰與顴骨一帶。

有時候除了臉部之外，也會在背部及手上冒出來。

隨著季節變色也是雀斑的特色之一。在紫外線強烈的春夏之際，顏色會容易變深。

雀斑形成的原因，主要與遺傳有關。有人最快在三歲左右就開始長出來，一般隨著長大成人後會越來越明顯。

③肝斑（黃褐斑）

肝斑的特徵是主要長在顴骨一帶，且會左右對稱。有時候長出來的位置還會避開眼周，也會因人而異長在額頭及口周。

經常好發於產後與三、四十歲左右的女性，常在曬太陽後顏色會變深。

確實發生的原因到目前仍不清楚，除了受到女性賀爾蒙的影響之外，已知也跟摩擦造成的刺激或慢性發炎有所關聯，此外跟生活壓力、長期緊張情緒與睡眠狀況不佳也有關聯。

④發炎後色素沉澱

在臉上形成「色素沉澱」的斑點難免會有，其中最常見的就是「發炎後色素沉澱」。譬如燒燙傷、痘痘、蚊蟲叮咬、接觸性皮膚炎、異位性皮膚炎、搔抓、創傷或割傷等等，在皮膚發炎之後，就會變成斑點殘留在皮膚上。

發炎後色素沉澱有別於老人斑，界線不但不明顯，色調也不一，而且任何年齡層都會發生。

一旦發炎之後，皮膚就會製造新細胞加以修復損傷。這時候黑色素會過度生成，殘留在內部不斷累積之後，就會形成「發炎後色素沉澱」。

雖然有時候會自然消失，但是有些人也會因為體質或紫外線的影響，而長期殘留在皮膚上。

斑點只要長出來就消不了？

市面上可見林林總總號稱有效淡化斑點的保養品，但是坦白說，斑點一長出來之後，可沒那麼容易消除。

斑點其實是因為黑色素聚集所形成，因此只要能將內含黑色素的細胞從表皮排出，理論上應該可以消除，可是實際上卻需要花費一些時間。

尤其是老人斑，相當不容易淡化，必須藉由雷射治療，才能真正消除。

唯一可能透過皮膚的更新週期逐漸淡化的斑點，是「發炎後色素沉澱」，但是完全治癒則需要半年至一年的時間。

務必小心使用淡斑保養品

可能大家都沒想到，美白保養品宣傳的「美白」效果，其實真正的定義是「『預防』膚色變化」。所以說，靠美白保養品使皮膚逐漸變白，基本上是相當困難的。

就連知名的淡斑保養品上面，都有像下述這樣標示效能：「抑制黑色素生成，預防斑點、雀斑」。

所以只是抑制及預防，並無法治癒。

既然會刻意提出來，就是想請大家了解一點，雖然**長期外用維生素C及傳明酸[9]，可能看得出美白效果，但過程真的需要點時間並非快速見效**。

斑點起因於黑色素，而黑色素則是因為對於紫外線、痘痘、傷口、刺激性強的成分、摩擦等皮膚所有的「發炎症狀」產生反應所生成。

有效淡斑的成分，其實不少都具有很強的刺激性，很容易使皮膚發炎。有時候明明想要淡化斑點，卻因為刺激的關係，反倒使得斑點變深了。

能做的只有持續「預防」

大家看到這裡，或許會覺得淡斑似乎無望了，但其實最重要的是，避免斑點繼續增加。

因此大家能做，而且證實有效的作法，就是良好的生活與飲食習慣、持續的防曬以及減少摩擦皮膚。能做到以上幾點就有助於皮

9 審定註：tranexamic acid，又稱氨甲環酸，是一種人工合成的胺基酸，具有止血抗炎的藥理效果。

膚更新正常運作、發揮功能。慢慢地就能夠讓已經形成的斑點逐漸淡化，形成良好循環。

這幾年醫美很流行，大家也很喜歡使用雷射來除斑，但這部分一定要注意風險，因為很多時候雷射除斑容易造成「發炎後色素沉澱」或「反黑」，如何謹慎治療就很重要。

醫師聊保養

ⓘ 痣和斑點有何不同？

接著順便針對痣為大家說明一下。痣的正式名稱為色素細胞母斑，這種細胞原本就具有黑色素。

相對於斑點主要長在皮膚表皮，痣則是常常長在表皮與真皮交界處或是真皮內。

因此，想要根本除痣的話，可以使用手術刀切除，但這樣做有可能留疤。最近除痣也能透過雷射來處理，但因為治療深度無法太深以避免造成疤痕，於是有可能讓色素細胞母斑殘留，因此還是有可能會再長出來，這時候就需要定期處理才能除掉。

良性的痣，其實是無害的，只有極少數會是黑色素瘤（Melanoma），又稱為惡性黑色素瘤，是一種從黑色素細胞發展而來的惡性腫瘤。

如果身上的痣呈現形狀不對稱、顏色不一致、邊緣不規則或是會出血或太大，就需要特別留意。另外以日本人與臺灣人為例，有研究顯示若手掌或腳底上長痣時，屬於黑色素瘤的可能性相當高，因此最好趕快請皮膚科醫師使用皮膚鏡確認看看。

PART 04

讓醫生來教你「簡單保養喚醒皮膚機能」

「減法保養」遠比
「胡亂保養」來得好，
省略多餘的保養步驟，
喚醒健康皮膚機能！

CHECK

用太多保養品實在沒必要

同時使用多種保養品風險變大

一說到每天的護膚保養，不外乎化妝水後擦乳液，接著再上精華液，有時還會加上乳液、乳霜……可能很多人每次都會習慣使用數種護膚產品。

可是說實話，**保養品用得愈多，效果不一定越好，但風險卻一定越大**。

舉例來說，當醫生有開立外用藥時，通常不會在相同部位使用多種藥物。因為每一種成分容易彼此干擾，多種混在一起反而很難確定效果。

而且**正常的皮膚根本就不需要多做什麼，自然就會新陳代謝，有修復再生的機制，因此我才會建議，擦在皮膚上的東西愈少愈好**。使用的成分越多樣，就越會干擾皮膚原本的機能，甚至引發刺激或過敏的風險也會升高。

保養品內含的成分，當然都比藥品的效果或風險來得薄弱許多，但是我也不建議同時使用數種保養品，以免造成無謂的風險。

不要過分相信保養品的宣稱

市面上確實推出了許許多多的保養品，我明白大家對於如何挑選適合自己的產品常感到不知所措，或者總會不自覺期待出現更有效的保養品。

但是請大家回想一下，保養品的功用，就是「提供保濕與維持皮膚健康」。要期待保養品達到類似藥物的治療效果，甚至能夠戲劇性地改善皮膚的能力，實在不切實際。

倘若你期待使用保養品之後，應該出現速效有感的變化，你將很容易做出錯誤的判斷。**當你重覆塗抹數種護膚品，或是喜歡將保養品換來換去，最終反而會導致皮膚受傷**。

保養品一般不會添加過度危險的成分，但相對也不能亂加藥品成分。無論產品宣傳多有效，畢竟在法規上還是化妝品管理並非藥品，所以保養品本質上不是治病用而是護膚用。

因此坦白說，使用保養品能安全不傷膚是最重要的，至於實際效果並不是絕對重點。

成分單純安全最理想

首先請大家先找出自己皮膚最需要的改善效果，再對症下藥挑選護膚產品。如果覺得不適合自己，停用即可，而且假使不想再用了，後續再換成想用的保養品就好。

我們使用保養品的理由，就是為了愉快地保養皮膚，並不是為了治療。務必嚴選保養品，避免妨礙皮膚原本的機能。

我建議大家，保養皮膚一般只需要在單純的乳液或乳霜擇一使用即可，並不一定要搭配使用化妝水或精華液，此外能夠選擇無香料無色素、配方單純成分安全的產品更好。

只需要這樣做，就不會過度干擾皮膚原本的更新過程，也不會因而損傷皮膚的防禦機制，以更貼近「自然原道」的方式來保養皮膚吧。

CHECK

喚醒皮膚機能的兩大關鍵

重新檢討使用方式

畢竟花了大筆金錢又大費周章，還是希望避免對皮膚造成反效果。這時候通常會立刻將焦點全放在「該使用哪一種保養品」上，但是坦白說，**必須留意的其實是「如何正確使用保養品」才對**。

其實只要皮膚是健康的，皮膚天生的自我再生自癒能力就會確實發揮作用，因此可以讓皮膚保持強健。使用化妝保養品，不要造成皮膚敏感或過敏是最重要的。

如果有時候使用後會發紅、發癢，甚至變黑等現象，就表示皮膚已經出狀況，就必須化繁為簡趕快讓皮膚回復原本俱備的機能為第一優先考量。

「不要過度刺激」皮膚

由此我歸納出了關鍵的兩大關鍵。

首先第一點是，盡量不要過度刺激皮膚。因為想要喚醒皮膚天生俱備的能力，徹底發揮機能，最重要的就是不要妨礙皮膚的原始機制。

雖然也有人會建議，擦化妝水或精華液時，最好能「同時按摩」或是「雙手輕拍」才愈能滲透，但在考量到皮膚的機能後，我並不鼓勵大家這麼做。

因為**不管是何種程度的接觸或摩擦，對皮膚來說都算是一種刺激**。我相信大家都知道，皮膚長期摩擦後會變硬變黑，例如手肘或膝蓋等處便是如此，只要能儘量減少摩擦皮膚就會變柔軟，膚色也會慢慢回復原樣。

臉部也是同理可證。長期摩擦刺激也會導致斑點及色素沉澱，像是肝斑，只要能減少對它的刺激，常常就可以慢慢淡化。

所以，不管在洗臉時，或是在保養皮膚的時候，都要盡量避免過度摩擦，更不建議用磨砂膏去角質。想要喚醒皮膚的機能，請大家務必留意這幾點。

「不要過度清潔」皮膚

為了讓皮膚找回健康狀態，還有一點必須留意，就是「不要過度清潔」。

想要保持皮膚乾淨，是很理所當然的事，但是大家也別忘了，過度清潔恐會導致皮膚受傷。

皮膚原本就會進行新陳代謝，即便沾附上髒汙，每天都會隨同老廢角質汙垢自然掉落。

因此，對大多數人來說每天晚上固定清潔皮膚一次，早上用清水或溫水沖洗一下，其實就已經綽綽有餘，根本沒必過度清潔皮膚。過度清潔反而會讓皮膚表面的皮脂及共生菌落減少，容易造成皮膚障蔽功能損傷。如此一來，引發乾燥、濕疹、細菌感染、過敏的風險將會升高。

以成年人來說，考量到多數人的膚質與生活環境，長期「不洗臉」對皮膚健康來說並不好；「過度洗臉」對皮膚更是不好，如何尋求中庸之道，不要過度清洗皮膚才是重點。而這也是真正能夠擁有幸福美肌的最佳捷徑。

CHECK ✓

卸妝切記避免「過度摩擦」

選擇不會造成皮膚傷害的產品

平常我幾乎不化妝，因此老實說也鮮少使用卸妝產品。但是身為女性，有時還是會想要妝扮得美美的，有些人甚至因為工作的緣故，也不得不化妝。

這時候最重要的就是卸妝產品，在這方面也有許多商品可供選擇，諸如敏感肌用、痘痘肌用、乾燥肌用等等，種類十分多樣，所以該選擇何種產品，肯定會一個頭兩個大。

因此在選購時，希望大家能參考下述二大重點。

・盡量對皮膚負擔愈少愈好。

・用完後不會感覺乾燥緊繃。

看完後大家有何感想？非常簡單對吧。

「卸妝產品」就定義來說，就是幫忙單純洗臉還不易把臉洗乾淨時的輔助清潔產品，但其實整體來說，如何選擇的複雜度，比洗臉產品高出很多。

如果只是想要卸除以粉體為主的妝彩，像是蜜粉、腮紅或是眼影，簡單的洗臉產品或是卸妝水或卸妝凝膠就已經很足夠。但如果想要卸除具有高抗水力的防曬、底妝、睫毛膏或是口紅，就需要使用到卸妝乳、卸妝油或卸妝霜會比較方便。

像是使用遇水乳化型的卸妝油，就可以利用本身油溶於油的效果先將彩妝溶解，之後在加水乳化時，就會將溶在油中的彩妝被水帶走以達到卸妝清潔的效果。

但切記的是，分次沖水乳化卸妝完成後，一定要再用溫和洗臉產品將臉洗淨，這樣程序才完整。

正確使用卸妝產品很重要

當油與彩妝品混合溶解後，就可以輕而易舉脫離皮膚表面。一提到卸妝，有些人會想要將毛孔開口的汙垢去除，因而用力塗抹，然而**最理想的卸妝方式，其實是「抹上後稍微靜置，再輔以輕柔畫圈搓按手法即可，要儘量避免過度摩擦」**。

以這樣的方式卸完妝之後，相信不但不會緊繃，更不會黏膩，還能保留適度的滋潤感。

而且就算彩妝有些許殘留，也沒必要過度恐慌。因為角質天生具備能將汙垢自動排除的功能，自然就能保持乾淨。重點是平常儘量少化濃妝，也可以減少需要卸妝的狀況，久而久之也可以減少傷害皮膚的機會。

網路上有流傳卸妝油可以溶解粉刺，但這真的不可能！

因為粉刺分成黑頭和白頭兩種，白頭粉刺在毛囊內，卸妝油根本溶不到，黑頭粉刺在毛囊頂部有開口，卸妝油或許可以溶解粉刺中部份的皮脂成份，但糾結於其中的老舊角質還是無法被溶除。所以之後遇到這樣的說法，不要再被騙囉！

CHECK

用肥皂好還是沐浴乳好？

過度使用都會造成皮膚問題

無論是肥皂或是沐浴乳，過度使用都會使皮膚出狀況。以皮膚的生理機能來說，原本就不需要額外做些什麼，就能發揮功能，使汗垢去除並保持乾淨；因此避免妨礙皮膚運作，善用皮膚機能，就能使皮膚保持健康又美麗。

素顏或是上淡妝的時候，單用清水或溫水清潔即可。

身體也是一樣，只要在髒汙看得見，或是覺得體臭明顯時，再使用清潔產品，平時用溫水沖洗，便綽綽有餘了。

肥皂一定要起泡再用

在成分標示上，肥皂通常標示成「肥皂類」，沐浴乳則是「全身洗淨料」。兩者都可以具有清潔效果，兩者都可以使用。

肥皂是以油脂和鹼所製成的偏鹼性界面活性劑。**想要正確發揮肥皂的洗淨力，關鍵在於充分起泡**。因為利用泡沫的膠束[1]包覆汙垢再加以去除，才是肥皂的正確使用方式。

雖然說肥皂大多是偏鹼性的，使用在弱酸性的皮表上會造成酸鹼度改變，但只要皮膚是健康的，洗後過沒多久皮表酸鹼度又會回到正常狀態，所以並不需要太緊張，只要清洗後不會造成乾燥緊繃就可以。

肥皂對於一部分的病原體具有消毒效果，因此沒必要搭配殺菌成分，這點也是肥皂的優點之一。

此外傳統肥皂的組成是長鏈脂肪酸鹽類，具有生物可分解性，所以也不用擔心會對環境造成汙染或殘留。

沐浴乳也是需要慎選

反觀沐浴乳成分配方就比較複雜，大多是以合成界面活性劑為主體達到清潔效果。但因為每一款產品的配方設計差異很大，消費者在選擇上也不容易。

1 界面活性劑等的分子，加上由數十個至數百個離子聚集而成的膠體粒子。

簡單來說，選擇的原則也是類似的。**儘量找無香料、無色素、無植萃、無精油的產品，配方單純成分安全的產品。**

此外，有些洗面乳及沐浴乳會打出「弱酸性」當作為宣傳標語，但其實配方的細節會比是否弱酸性更重要。

因為產品接近弱酸性，充其量只能說對於皮表酸鹼度的影響會比較少，相較之下對於皮膚的刺激性會低一點。

但即使是接觸了偏鹼性的皂類清潔產品，只要時間不要太久、不要太常用而且之後也有沖洗乾淨的話，其實對於健康皮膚來說一般也不會有問題。

CHECK

化妝水並非必須品！

其實能不用就不用

「洗臉後最好使用大量化妝水，以免皮膚乾燥」，也許這樣的觀念大家都認為是理所當然。

但是坦白說，**洗完臉後什麼都不要擦，其實比使用化妝水來得更加理想**。

除非真的很「大量」地使用化妝水，否則化妝水幾乎由水分組成，當中只加入了極少量的保濕成分，油分幾乎為零。

因此只有大量使用，才可能或多或少覺得皮膚獲得滋潤，但是這種滋潤感其實是殘留在皮膚上的些微保濕成分，並非皮膚本身變得潤澤了，因此經過一段時間之後，又會開始覺得乾燥。

而且，**由外部提供的過多水分，並無法停留在角質層，而是會逐漸蒸發**。在不具備防止水分蒸發這樣的效果之下，角質層反而會變薄變乾燥。

總而言之，在一般保養中化妝水其實並不是很有必要。

保持角質層原本機能很重要

我們常用「皮膚充滿潤澤」來形容保養得宜的肌膚，說實話，**保持皮膚滋潤度的部位，就是皮膚表面的角質層**。所以只要角質層的水分能夠適度維持，皮膚就會呈現水嫩的感覺。

話說回來，角質層原本就具有適度維持水分及油分的功能，因此只要不妨礙到角質層原本的機能，皮膚就能常保滋潤。

我不推薦化妝水的原因，是因為化妝水可能會干擾角質層原本機能，恐怕會使皮膚障壁變脆弱。

若是單靠化妝水補充皮膚水分，原先位於角質層可自行適度保持水分及油分的細胞間脂質，也會受到干擾。

使用化妝水後的滋潤感，會使我們誤以為皮膚水分變充足了，但其實這只是化妝水造成的暫時感覺。

若使用不當，不僅皮膚表面的防禦機能會因為化妝水的干擾變弱，還可能會引起容易乾燥，膚質也會受到影響變粗且失去光澤。

維持皮膚共生菌平衡很重要

就像這樣，**我們的膚況以及美麗的外觀，完全左右於角質層的狀態**，其實角質層的表面，原本就存在皮脂膜，堪稱皮膚製造出來的天然乳霜在呵護著皮膚。

屬於皮表共生菌的表皮葡萄球菌[2]，會製造出類似甘油的成分，具有保濕能力，表皮也會自行產生天然保濕因子ＮＭＦ[3]調節保濕效果，所以皮膚其實先天就具有自我保濕能力。

就是在這種協同共生的作用之下，皮膚才不會每天出狀況，得以維持健康狀態。

可以補充接近皮脂的成分

只不過，洗臉後皮脂還是會隨著汙垢同時去除，因此容易造成暫時的乾燥狀態。

這時候應該要補充的其實並非化妝水，補充接近皮脂的成分，才是最合理的保養方式。

此外，角質的細胞間隙原本就是由神經醯胺、膽固醇與脂肪酸這類的脂溶性物質所組成，因此脂溶性的保養品，會比水溶性的保養品更容易滲透。所以與其擦化妝水，倒不如塗抹內含適當油分的乳液或乳霜，更能融入皮膚裡。

我們人體原本就具備修正調整能力，可使身體維持在正常狀

2 Staphylococcus epidermidis，是人類正常皮膚菌群的一部分。

3 natural moisturizing factors，在角質層中擔負吸水功能。

態。**清潔次數過多加上外在過度保濕，皮膚反而容易出問題。適當的清潔加上適度的保濕，才是保養皮膚的重要概念。**

既然保護及修護角質層為首要之務，化妝水就並非必需品了。只要能讓皮膚處於原始理想健康狀態，皮膚就能在毫無負擔下，維持住良好的動態平衡。

CHECK

皮膚抗老防曬很重要

預防紫外線為首要關鍵

維持皮膚原有機能的同時，還有一件事希望大家一定要謹記在心——那就是「每天務必做防曬」。

造成皮膚老化的最主要的外在原因，正是「紫外線」。**以長遠的眼光來看，防禦紫外線的傷害，才能使皮膚的正常機能發揮出來。**

其實方法很簡單，就是盡可能不要過度曝曬紫外線，更不要造成曬傷的狀況，一般可以使用外在遮蔽的方式加上外擦防曬就可以達到不錯的效果。

重要的老化防止對策

關於紫外線的說明，已於前面詳細解說過了，皮膚老化約八成的原因，主要來自紫外線。UV－A能穿透皮膚底層，導致皺紋及鬆弛，UV－B則會造成表皮發炎反應，因此會形成斑點以及色素沉澱現象。

因為紫外線的影響，導致皮膚老化的狀況，便稱作「光老化」，一旦長時間暴曬在紫外線之下，除了會衍生美容方面的問題之外，甚至可能引發皮膚癌，因此就這方面來說，預防是非常重要的一件事。

但在不勝枚舉的保養品當中，事實上唯有設法預防紫外線的產品，對於這種皮膚老化現象才能展現十足的效果。

所以「外擦防曬」如此簡易的保養方式，正是唯一能靠自己預防皮膚老化，最關鍵的方法了。

無論你用了多少宣揚「回春」或是「抗老」的保養品，想藉由保養品找回皮膚的年輕光采，很遺憾都實在難以實現。

因為保養品的目的，只是在「保持皮膚健康」而已。

但是設法預防紫外線，人人都能立刻身體力行，而且保證有效。所以說，**「防曬為抗老之本」真的不為過。**

醫師聊保養

ⓘ 抽菸會加速皮膚老化嗎？

答案一定是肯定的。抽菸不同於年紀增長或是紫外線傷害等情形，會加速老化這個事實，已經獲得科學證實了。

尤其相較於不抽菸的人，長皺紋的風險明顯高出許多。依據報告結果顯示，假設**一天抽一包菸，菸癮長達五十年的人，容易長皺紋的程度將比不抽菸的人高出四．七倍**。

老實說，每天門診我都會接觸到好幾名患者，不過我一眼就能分辨出癮君子的膚質差異，因為他們不但缺乏彈性，而且還十分暗沉。

即便皮膚目前看起來沒有問題，但在上了年紀之後，抽菸的影響將如實顯現出來。**抽菸百害而無一利，所以建議大家趁早戒菸**。

CHECK

「抗氧化」也是「抗老化」？

「活性氧」與「氧化壓力」

我想大家都聽說過，年紀變大之後，皮膚會因為氧化現象逐漸衰老。

所謂的氧化，簡單一句話就是「身體因活性氧而生鏽了」。

雖然我們每天都在吸收氧氣，但是據說其中約有二%會形成活性氧。活性氧（ROS）即所謂「活性高的氧氣」，主要意指超氧化物、過氧化氫、羥基以及單線態氧。

活性氧具有非常強大的力量能將其他物質氧化，雖然可在體內發揮擊退細菌及病毒的作用，另一方面也與許多的生活習慣病息息相關，例如皮膚斑點以及皺紋這類的皮膚老化與動脈硬化與癌症等等。不過氧化並非百害而無一利。因為想要製造出能量，供應我們身體作動，都需要燃燒營養素，也就是「氧化」。

通常人體皆具備抗氧化力，只是會隨著年齡增長逐漸弱化。因此當抗氧化力有未逮時，氧化情形失衡之後，將加速老化現象。使這類活性氧增加的主要原因，便稱作「氧化壓力」。

減少外在&內在壓力

只要我們仍然大口呼吸生活在世上，就無法排除活性氧的產生，但卻可以減少氧化壓力。

其中一種氧化壓力，就是紫外線。

承前所述，紫外線會導致斑點及皺紋，不過最根本的原因，其實是因為紫外線所產生的活性氧。

這些活性氧會形成黑色素，促使細胞老化。除此之外，下述這些要因也會對皮膚形成壓力：

【外在壓力】

紫外線、空氣汙染、過度摩擦與不當醫美處理等所造成的刺激，還有缺乏營養素、飲食不均衡、攝取過多高糖高鹽食物或是抽菸、酗酒都有影響。

【內在壓力】

疲勞、失眠、熬夜、憂鬱、焦慮以及睡眠不足等的生活作息不正常，以及來自工作場所與人際關係這方面的精神壓力。

壓力會帶給皮膚不良影響的原因十分複雜，像各種內外在的壓力，全都會在體內產生大量活性氧。

事實上已有研究證實，除了紫外線之外的氧化壓力，也可能使黑色素過度生成，而且皮膚免疫力也會下降。

所以，減少這方面的氧化壓力，當然也有助於防止皮膚老化。

攝取具抗氧化效果的水果&蔬菜

想要找回抗氧化力，均衡飲食很重要，但有些食物效果抗氧化效果不錯希望大家可以找機會適度攝取。

以水果與蔬菜為例，水果像是鳳梨、木瓜、香蕉、藍莓、柳橙、葡萄、草莓、櫻桃、蘋果、奇異果、哈蜜瓜與芒果；蔬菜則推薦白蘿蔔、紅蘿蔔、花椰菜、蒜頭、洋蔥、甜椒、茄子、南瓜、菠菜、番茄、蘆筍與韭菜等等。

經檢測證實，這些食品皆具有強大的抗氧化作用。

CHECK

親近森林浴釋放皮膚壓力

皮膚少了壓力就會變好

現今在外國也備受矚目的森林浴，不管對身體或心靈都具有放鬆療效。事實上森林浴是在約莫二十年前首見於日本，最近卻在歐美具有更高的知名度，也是現行的醫療手法之一，通常稱之為「環境療法」或「自然療法」。在英文網站上搜尋「SHINRIN YOKU」一詞，出現的機率也愈來愈多了。

實際體會身處於森林裡，就能感受到空氣新鮮，充滿神清氣爽的舒暢感，而且觸碰樹木後情緒就會平靜下來，相信大家都明白森林浴的療效並不少。

親身體驗過的愉悅感，近年來也陸續獲得科學證實了。以具體的效果來說，包含放鬆效果（**減少壓力賀爾蒙、活化副交感神經、抑制交感神經**）、使血壓正常化、提升免疫力等等，簡單一句話，就是「待在森林裡能夠找回原本的自己」。

對於皮膚方面的良好影響，當然也是森林浴的其中一種功效。

樹木會散發香氣成分「芬多精」

森林浴具有精神面的放鬆效果，也能回復身體健康，而樹木釋放出來的芬多精，正是能帶來這些成效的主要因素之一。

芬多精是樹木用來保護自己的香氣成分，會由樹葉、樹幹以及樹液等組成樹木的任一部分釋放出來，證實具有抗菌、防蟲、除臭等林林總總的效果。

而且透過芬多精（Phytoncid）的細胞培養實驗結果發現，可使細胞活化，因此似乎也能期待可以活化皮膚細胞——也就是能夠提升皮膚新陳代謝並加速更新週期。

在日本已經眾所皆知的森林浴，除了有益身心之外，對於皮膚也能帶來不錯的效果，這點可說是無庸置疑了。

放鬆身心解放五感

想做森林浴其實一點也不難。只要走進森林裡，放輕鬆度過一整天就行了。享受待在森林裡的氛圍，專注於當下的所見所聞、吸收到的空氣及氣味，解放你的五感就行了。

不方便走進森林裡的人，只要來到公園或是稍微郊外的地方，樹木較多的場所，也具有相同的效果。

讓自己從每日埋頭苦幹的瑣事中抽身，相信你一定能獲得神清氣爽的感覺，彷彿連壓力也一併排解出來了。

當皮膚的狀態不佳時，總會讓人滿腦子只想著如何保養皮膚，然而皮膚也是身體的一部分。

目前已有報告顯示，**身心靈健康狀態與皮膚是否良好有著密切的關聯**。所以別再只著眼於皮膚問題，好好讓全身獲得療癒也是很重要的關鍵。

CHECK

「減法」保養才是王道

學習減法保養皮膚會更好

皮膚愈美的人，反而幾乎沒在做什麼保養工作。難道是因為這些人的皮膚，比其他人來得強健嗎？

當然沒這回事。讀到本章節後，大家應該都心知肚明了，答案就是——「因為他們的皮膚機能都能正常運作」。

減少過度保養皮膚，才不會干擾皮膚原本的正常機能。

每一個人的皮膚，天生存在適度的水分及油分，且具備維持適度水分及油分的機能。

表皮細胞是在表皮深處的基底層製造出來，**基本上只要經過大約二十八至四十天，就會自然形成汙垢由皮膚表面剝離，一面反覆進行這個過程，同時順暢地更生細胞。**

但是擦保養品或做了過度護膚或醫美處理之後，將擾亂這種正常的循環。再加上各種混亂的飲食習慣與生活壓力，皮膚將喪失原本的正常運作功能。

此外很多的錯誤保養也會讓皮膚狀態雪上加霜，像是過度清潔、過強按摩、太常敷面膜、化妝水濕敷、磨砂去角質以及疊加太多種保養品等等，所以放下慾望學習減法保養，讓皮膚找回自我本能很重要。

逐漸減少使用更安心

我建議大家在保養皮膚時，可將目前正在使用的品項逐漸減少。一口氣停用所有的保養品，這種作法也不是不可行，只是每個人的皮膚狀態不同，有時恐怕會出現非常明顯的反作用。

所以，我才會建議大家逐漸減少保養品。

首先洗臉改用簡單溫和的清潔產品，早晚洗也沒關係，但如果是在素顏的狀況下，只須使用微溫清水輕柔洗淨即可。

洗臉後不需要擦化妝水，但請依照皮膚狀況適度補充乳液、乳霜或是凡士林油膏。至於面膜、凍膜、原液、精華液、美容液、前導液等林林總總一大堆，能省下就省下，不用也沒關係。

最終目標，是要讓皮膚機能回復正常運作，讓皮膚在不用任何保養品的狀況之下，也不會出狀況，但在皮膚恢復原始機能之前，

還是需要適度適當的保養。

基本的保養其實非常簡單，只須洗臉、保濕與防曬。明白一點就是溫和洗臉、適度保濕以及安全防曬。依照膚質選擇適合的產品，不要用太多也不要用太雜。面對化妝保養品選擇，寧缺勿濫也不要照單全收。

像這樣的簡單保養步驟如能長久持續下去，所謂的敏感肌或是乾燥肌，只要一個半月的時間相信就能有所改善。

「減法保養」遠比「胡亂保養」來得好

請盡量減少皮膚的刺激，包括在洗臉及保濕時，都要提醒自己少碰皮膚。過度用力的護膚方式，將損傷皮膚，使皮膚問題更加惡化。所以，**要減少用手頻繁碰觸臉部皮膚，或是以外力過度清除毛孔粉刺，或是用外物過度按摩或摩擦皮膚的機會**。否則會使皮膚復原速度變慢，且會讓好不容易好轉的皮膚狀況再度變差。

勤做「保養」才能擁有美麗的皮膚，這樣的觀念依舊根深蒂固。其實對皮膚而言，「減法保養」遠比「胡亂保養」來得更有效果。**大家都以為，保養工作做得愈足愈能看出成效，其實簡化保養程序做該做的就好，反而皮膚細胞才能充滿活力的善盡職責**。

透過簡單的護膚方式，盡可能省略多餘的保養步驟，使皮膚的更新週期回復正常，讓原本健康的皮膚機能甦醒過來吧！

此外，如果皮膚有呈現疾病狀況，請立刻至皮膚科求診，治療搭配保養效果才會好！

CHECK

適合自己的皮膚保養最重要

輕鬆找出不適合的成分

我會建議大家進行如此簡易的保養方式，還有一個主要用意，就是簡單保養才能輕鬆找出哪些保養品適合自己，哪些不適合。

使用愈多種保養品的人，愈難釐清哪一罐保養品的何種成分不適合皮膚。

反過來說，進行簡單的保養步驟，就能馬上發現「哪一種保養品不適合自己」。

舉例來說，早上用水洗臉後，單純擦上乳霜保養皮膚卻出問題的話，表示乳霜內含的某種成分不適合皮膚。

只要停用感覺不適合皮膚的保養品，自然能篩選出適合皮膚的產品，因此很容易維持皮膚健康，避免出狀況。

挑選準則只有「適不適合」

對於健康的皮膚來說，保養品其實是「多餘的」。**因為不用保養品並不會對皮膚造成傷害，用錯了反而可能危害到皮膚。**

最近的保養品裡頭，加入了難以計數的各種成分，因此很容易發現其中哪一種成分不適合自己的皮膚。

正因為如此，我建議所有的消費者最好竭盡所能地嚴選保養品，並且逐漸減少使用。

而**如何挑選保養品的準則，最終只有「適不適合自己」**。

無論評價再高，大家好評不斷，甚至加了最新的有效成分，都有可能不適合你使用。

當皮膚出問題的時候

改變保養方式進行「減保養」的過程中，假使皮膚出問題時，該如何處置也在此先為大家説明一下。

首先，使用新的保養品之後，若發生泛紅、發癢或濕疹等現象時，請立即停用。因為這項保養品的某一種成分，可能導致你的皮膚出現不良反應了。

如果擔心的話，可以將保養品連帶產品成分表攜帶到皮膚科請院方進行貼布試驗，就能釐清可能引發刺激或過敏反應的成分。只要檢測出不適合你的成分，下次別再選購內含這種成分的保養品就行了。

此外很多人會擔心使用化妝品、保養品會不會增長粉刺痘痘，但這部分是無法光看成分表就可以確認，因為產品的致粉刺性或致痘性，跟使用者的膚質與用法很有關係。

如果真的擔心使用後會造成粉刺或痘痘，先局部試用一段時間是唯一可以確認的方法，即使產品上有標示「不致痘或致粉刺性」也只能參考用並非絕對保證。

CHECK

心靈滿足才能體現美麗皮膚

身心健康為首要條件

想要淡化斑點、希望皺紋不再明顯、期盼皮膚光采耀人、渴望皮膚細緻無瑕……大家對於皮膚的期待不勝枚舉。但是我想大家都已經明白一點，保養品並無法幫助我們實現這樣的美肌。

當然透過適合自己的保養品進行簡單保養步驟，可使皮膚的更新週期變正常，還能找回皮膚的防禦機能，維持健康的皮膚。

但是，使用保養品在現實生活中，並無法使皮膚獲得戲劇性的改善。理論上，斑點以及皺紋一旦形成之後，其實很難消除。透過保養品進行護膚工作，可說只能「維持現狀」而已。

但是我們的身體，天生就具備驚人的自我再生力。想要充分發揮這種能力，首先身心都得健康才行。不可能只有皮膚光彩奪目，身體卻殘破不堪。

若要實現美肌，最重要的就是讓皮膚深層生成的細胞，得以強健地孕育出來。因此，必須充分攝取皮膚需要的營養素，例如蛋白質、維生素、礦物質、脂質等等。

請大家不要偏食，美味享用大量的蔬菜、肉類、魚類、豆類及穀類吧！

營養均衡的飲食，可是打造美肌最基本的一環。另外還要適度補充水分，才能幫助皮膚由內部獲得滋潤。

找出適合身體的生活作息

還有生活作息，也是至關緊要。

睡眠不足或是生活不規律，會干擾皮膚的更新週期。妨礙角質細胞生長，使角質層的狀態一片混亂，之後造成皮膚乾燥粗糙。

請找出自認舒適的生活作息，並且盡可能用心維持正常規律生活。提醒自己就寢、起床、飲食的時間盡量固定在相同的時間帶，這樣身體的步調才會一致，皮膚狀態肯定也會進步改善。

CHECK ✓

不要過度依賴保養品與保健品

所有物質過度攝取都「有害」

每次聽說「那種成分很有效」、「這種成分非常好」，無論誰都會很想立刻搶買回家試用看看。

可是，不只是保養品，包含營養補充品等健康食品以及美容食品在內，都只是用來「補」身體而已。所以**不管哪一種商品，我都不建議大家過度攝取，凡事應「適可為止」**。

現在就以我們的必需品「鹽」為例，大家都知道大量流汗後必須適度補充，否則會危害生命。但是大量地過度攝取之後，將引發高血壓、血中電解質濃度急速變化，恐怕會有致死之虞。

即使是身體必需的物質，攝取量太多或太少的話，對於身體來說都算是一種負擔，甚至有可能變成「毒」。

反觀許多人認為是「毒」的物質，有時候在不同的使用方式之下，對身體反而有益處。

舉例來說，矽藻土炸藥中會使用到的「硝化甘油」，服用極微量即可用來治療心絞痛。

過度依賴保養品及健康食品都有風險

營養補充品等健康食品，攝取過多同樣會有形成反效果的風險。一旦攝取量超出所需，身體就得額外耗費能量才能排出體外。而且萬一無法完全排出體外的話，有時反會對身體造成傷害。當然不是不能吃這些營養補充品，但是並無法保證有效。所以請在自己覺得合適且合理的範圍內，斟酌服用即可。

另外，市售的營養補充品，有時候添加物會加得比有效成分多，因此可能需要稍微留意一下。

倘若真的覺得這些營養素及成分有必要補充，最好和醫生諮詢過後，再由醫生開立處方會比較安心。

身心靈平衡才能成就幸福美肌

事實上，每天盡力維持均衡飲食理所當然，又能常保身體健康。不能因為方便，於是一天攝取好幾種營養補充品，應該在飲食面下工夫，以食物為優先。

其實大家很容易忽略一件事，我們的身體就字面上作解釋，就是由「食物」所組成。所以吃進哪些東西？如何攝取？當然都非常重要。

享受美食後獲得的滿足感，身體自然也會轉變成心靈的營養。每天都能像這樣從內心獲得滿足的話，皮膚自己也就能找回健康，彈嫩光采也將甦醒過來。

而且，隨時隨地對自己的皮膚和健康充滿自信感恩的人，面對年齡增長的恐懼也會逐漸消散。無論你今年幾歲，對自己抱持自信且身心靈滿足的人，皮膚也會一直散發耀人風采。

想找回健康美麗的皮膚，讓皮膚與生俱來的能力發揮至最大極限吧！

結語

簡易保養，找回皮膚天生本能

感謝大家將這本書從頭研讀到最後。

相信大家對於平常接觸到美容資訊以及美容成分，還有關於皮膚的構造方面，都有相當程度的了解了。

我在本書執筆之際，思考自己為什麼會主張「簡易保養，喚醒皮膚天生機能」一時，突然浮現出年幼時期的記憶。

小時候我長居於仙台，正如大家口中的雪國之子，臉頰兩側總是紅通通的，當時我非常在意自己這副模樣。

連我母親也很不喜歡我臉頰紅紅的樣子，所以曾經建議我：「我認為你太常摸臉，保養品也用太多了喔！所以博子啊，妳盡量不要碰臉頰，化妝品也盡可能簡單會比較好喔！」

當時候的我還沒有自己的想法，所以就乖乖聽從母親的建言，極力避免觸碰臉部，例如「用肥皂洗臉時迅速用泡沫沖洗，避免過度摩擦臉頰」、「擦防曬時，只用掌心蓋印的方式使用於整張臉上」。

長大之後我依舊保持著這種習慣，等到我成為一名醫生，有時候會覺得洗臉很麻煩，於是會偶而沒有每天洗臉，仔細想想，我實在是偷懶到不行，但是我的膚況卻沒有太大的差別。

在我當上整形外科醫生之後，某次遇到必須治療外傷後的色素沉澱，這時候就會開立具有美白功效的軟膏處方。

結果竟有數不勝數的患者跑來問我：「醫生妳的皮膚好好喔，妳都用了哪些保養品呀？」

「我並沒有特別去保養皮膚，若要說做了哪些和別人不一樣的事情，大概就是適度洗臉，還有保養品的部分就只有擦防曬吧。」

正當我在思考如何回答時，突然想起「少碰皮膚」最好這件事。

這已經是約莫二十年前的事了。

所以在那之後，凡是有人問我「怎麼做皮膚才能像醫生這麼好」時，我就會跟他說：「**請你試著不要過度洗臉、不要擦太多化妝保養品。**」大家都不敢置信，但是都會答應我回家後試看看。

可是每次我再遇到他們的時候，大部分都沒有人可以堅持下去，大家總是說：

「不常洗臉會出油，變得黏黏膩膩的很不舒服。」

「不用保養品感覺皮膚會乾燥，反而長出更多皺紋來。」

理論上只要堅持一個多月的時間，皮膚就會完成更新週期，理應會回復到原本的健康狀態，可惜幾乎所有人都半途而廢了。

這時候，我又發現了一件事。每一位女性，總是會想要去保養皮膚。大家無不期盼著，努力保養皮膚就會變得更美，後來我發現這種希冀也會連帶關係到每天的愉悅感和幸福感。

所以，我並不會阻止大家使用保養品。只不過，既然都要擦保養品了，就會希望大家避免讓皮膚出現反效果。以日本的保養品來說，只要不要造成刺激或過敏，危險性可說非常之低。書中也曾提及，最關鍵的問題其實是「使用方式」以及是否「適合自己」。

皮膚健康的話，防禦機能就會隨時隨地正常運作，因此維持美麗的皮膚並非難事。畢竟連我這種懶惰鬼，也都能維持人人稱羨的皮膚狀態了。

美膚的首要之務就是讓皮膚回復與生俱來的機能，這才是擁有美麗皮膚的最快捷徑。

由衷希望大家能夠貫徹本書介紹的簡易保養法，找回皮膚原本的機能，對自己的皮膚變得更有自信。

醫藥新知 0AMS0020

保養常識9成都是騙人的

終極×最強肌膚保養法

美容常識の9割はウソ

作　　者　落合博子
審　　定　邱品齊
翻　　譯　蔡麗蓉
書封設計　張天薪
內文版型　楊廣榕
主　　編　盧羿珊
行銷經理　王思婕
總 編 輯　林淑雯

國家圖書館出版品預行編目 (CIP) 資料

保養常識 9 成都是騙人的 : 終極 x 最強肌膚保養法 / 落合博子著 ; 邱品齊審定 ; 蔡麗蓉譯 . -- 初版 . -- 新北市 : 方舟文化出版 : 遠足文化發行 , 2020.09
面 ;　公分 . -- (醫藥新知 ; 0AMS0020)
譯自 : 美容常識の 9 割はウソ
ISBN 978-986-99313-2-8(平裝)

1. 皮膚美容學

425.3　　109011008

出 版 者　方舟文化／遠足文化事業股份有限公司
發　　行　遠足文化事業股份有限公司（讀書共和國出版集團）
地　　址　23141 新北市新店區民權路 108-2 號 9 樓
電　　話　+886-2-2218-1417
傳　　真　+866-2-8667-1851
劃撥帳號　19504465
戶　　名　遠足文化事業有限公司
客服專線　0800-221-029
E-MAIL　service@bookrep.com.tw
網　　站　http://www.bookrep.com.tw/newsino/index.asp
排　　版　菩薩蠻電腦科技有限公司
製　　版　軒承彩色印刷製版有限公司
印　　刷　通南彩印股份有限公司
法律顧問　華洋法律事務所｜蘇文生律師

方舟文化官方網站
方舟文化讀者回函

定　　價　360 元
初版一刷　2020 年 9 月
初版五刷　2024 年 9 月

缺頁或裝訂錯誤請寄回本社更換。
歡迎團體訂購，另有優惠，請洽業務部（02）22181417#1124、1125、1126
有著作權 · 侵害必究

特別聲明：有關本書中的言論內容，不代表本公司／出版集團之立場與意見，文責由作者自行承擔。

BIYOJOSHIKI1 NO 9-WARI WA USO
Copyright © 2019 by Hiroko OCHIAI
All rights reserved.
Interior illustrations by Ai MOROHASHI
First original Japanese edition published by PHP Institute, Inc., Japan.
Traditional Chinese translation rights arranged with PHP Institute, Inc., Japan.
through LEE's Literary Agency.